JN046891

統計学入門 II

尤度による
データ生成過程の
表現

豊田　秀樹 著

朝倉書店

まえがき

■ ■ ■

　本書は，拙著『統計学入門 I —生成量による実感に即したデータ分析—』(朝倉書店，2022) の続編です．計算の実装には MCMC 法 (Markov chain Monte Carlo method) による事後分布の近似を利用しますが，学習の際に MCMC 法の理論的知識は必要ありません．説明を割愛した MCMC 法の理論的側面に興味ある読者の方は関連書籍[*1] で学習してください．

　近年，統計分析を利用した論文の成果が再現されないとの報告が相次いでいます．これは再現性問題と呼ばれています．再現性問題の主たる原因の 1 つは，有意性検定によって

　(1) 研究では帰無仮説の棄却という学問発展のための必要条件を示せばよい．

　(2) 研究分野／文脈によらずに，その研究に価値があると自動的に判定できる統計指標 p 値が存在する．

という 2 つの誤った査読文化が定着してしまったことにあります．

　定着した文化を変えることは容易ならざることです．しかし論文の成果が再現されないと，学問の発展に大きな支障が生じます．何としても改善が望まれます．そのために筆者は，初等統計教育の教程を変更することを第 I 巻で提案しました．具体的には，有意性検定を初等統計教育から割愛し，

　(1) 統計データ分析は，学問発展の十分条件を最初から目指す．

　(2) 研究の価値判断には，ドメイン知識で実感できる指標を用いる．

という 2 つの教育目標を掲げました．

　有意性検定を割愛した代わりに，「尤度によるデータ生成過程の表現」という教授学習パラダイムを提案しました．本書は，第 I 巻の教育目標・パラダイムを引き継ぎ，中級のテーマに関して学習系列を提供します．

　学習系列を実現するための主たる道具立てが，生成量と phc であることも，第 I 巻の方針と共通しています．生成量と phc は，極めて高い柔軟性と拡張性を有し，実感の伴った分析結果を与えてくれます．自信をもってその使用をお勧めで

[*1]　豊田秀樹 (2015)『基礎からのベイズ統計学—ハミルトニアンモンテカルロ法による実践的入門—』，朝倉書店．

きます．ただし「phc（研究仮説）」という表現は，現時点では必ずしも流布していません．このため指導者・査読者との間にコミュニケーションの齟齬が生じる可能性がないとは言えません．そのような懸念がある場合には，「phc（研究仮説）」という用語を「事後分布（事後予測分布）において，当該研究仮説が真になる領域の確率」と言い換えて使用してください．phc という用語にこだわる必要はありません．

　「尤度によるデータ生成過程の表現」という教授学習パラダイムには，有意性検定を扱った従来の初等・中等教程と比較して，以下のような 3 つの長所があります．

1. 統計学の初等・中等教育がシームレスにつながる

　大学における心理学教室での講義を通じて，これまで筆者は，毎年，統計教育に関わってきました．高頻度で有意性検定が使用されている心理学研究の現状を踏まえ，最初の 4 単位の単元 (第 I 巻の入門的学習内容) に関しては，長きにわたり，有意性検定を講義してきました．有意性検定の考え方を身につけることは，学生にとっては容易なことではありません．

　ところが，必死に身につけた有意性検定の役割が，続く中級の 4 単位の単元 (本書の中級的内容) では極めて軽くなります．たとえば本書第 1 章で解説する回帰分析では，回帰係数の検定が，ほとんど実用的には役に立ちません．それに続く一般化線形モデルや，項目反応理論や，共分散構造分析では有意性検定の役割がさらに軽くなります．上級の内容になればなるほど，有意性検定の重要度は低くなり，「データの生成過程を尤度で表現する」重要度が高くなります．このため中級の内容の講義を始めるに当たって，木に竹を接ぐように，筆者は尤度によるモデル構成を一から教え直す必要がありました．

　発想を変え，入門段階で有意性検定を割愛し，入門から中級に (第 I 巻から第 II 巻に) かけての方針を「データの生成過程を尤度で表現する」に統一すれば，シームレスな授業展開が可能になります．学生は学習の負担が抑えられ，統一的な視点から統計学を理解できます．

2. ビッグデータの時代に即応する

　R. A. フィッシャーが有意性検定を創始した 1920 年代は，データの収集コストがとても高い時代でした．農場試験を起源とする有意性検定は，当時，データが

数十のオーダーで機能しました．でも数百，数千とデータが大きくなると，有効に機能しなくなっていきました．万を超えるビッグデータを扱う際には，もう有意性検定はまったく役に立ちません．現代社会において万単位のデータは極々小さなデータですが，そこでは「統計的に有意」そのものが意味をもたないのです．

　大学において統計学を学ぶほとんどの学生は，入門的な講義を受けるのみで，統計学者にも研究者にもなりません．しかし，多くのビジネスシーンで統計分析が必要とされていますから，統計学を専門としない学生も，卒業後にデータアナリストになるケースが少なくありません．個人の能力に帰属する能力をポータブルスキルといいます．1つの職場だけで通用する能力ではなく，業種や職種が変わっても「持ち運び可能な能力」という意味です．終身雇用がなくなった現在，転職に強いポータブルスキルとして，データ分析力は今後益々重要視されるようになるでしょう．統計学の入門的講義は，ポータブルスキルとして有用なデータ分析力を獲得する貴重な機会です．万単位のデータの分析に，何の役にも立たない有意性検定を，そこで講義していてよいはずがありません．「教育資源・教育機会の無駄使いである」と言わざるをえません．

　データ数が大きくなると，データの生成過程を尤度できめ細かく表現する能力が益々重要になります．「データの生成過程を尤度で表現する」という教授学習パラダイムは，卒業後の広範な進路に即応するポータブルスキルを獲得するために極めて重要です．

3. 自分自身で分析方法を工夫することが可能になる

　有意性検定の入門的教育では，正規分布，t 分布，F 分布，χ^2 分布に従う検定統計量が登場します．これらの検定統計量は大学レベルの解析学の知識がないと導出できません．このため文科系の学生には，検定統計量の使用場面を暗記させる必要が生じます．この避けることができない暗記作業は，他の有意性検定へ応用がまったく利かないという意味で機械的な暗記です．応用が利かないので，後に必要となった習っていない検定は，本で調べてまた暗記しなくてはなりません．暗記につぐ暗記は，結果として自律的な思考を妨げ，学習者の有能感を減じてしまいます．これを心理学では学習性無力感といいます．統計は必要だから勉強するけど，退屈でツマラナイ手続きの集まりだ，との印象をもっている学生・研究者は，残念ながら少なくありません．これは検定手続きの暗記教育の帰結です．

　平均値の差の生成量を理解した学生は，習わなくても，必要に迫られれば肥満

度 BMI の分布も求められるようになります．それに対して肥満度 BMI の有意性検定ができる学生はいません．特殊な研究にしか出てこない指標も定義式があれば分布を求められます．たとえば新型コロナウイルス感染症 (COVID–19) 用のワクチンの有効率の検定方法は，一般的な統計学の教科書には書いてありません．でもマスコミのニュースで話題になり，興味が湧けば，学生は自分で事後分布を導けるようになるでしょう．

　生成量ばかりではありません．少し勉強を続ければ，尤度モデル自体を創意工夫することだってできる[*2]ようになります．「自分自身で分析方法を工夫することが可能である」という統制感・有能感を獲得できる点が，「データの生成過程を尤度で表現する」という教授学習パラダイムの最大の教育的メリットです．

　学習内容は，朝倉書店ウェブサイト (https://www.asakura.co.jp) の本書紹介ページから入手できるスクリプトによって，すべて再現できます．スクリプトを走らせながら学習を進めてください．

2022 年夏　豊 田 秀 樹

[*2]　豊田秀樹 (2018／2019)『たのしいベイズモデリング 1／2—事例で拓く研究のフロンティア—』(北大路書房) には，尤度モデリングの楽しい事例が多数掲載されています．

目　　次

∎　∎　∎

1 単回帰モデル

■ ■ ■

2つの連続的な変数があるときに，一方の変数から他方の変数を，直線を使って予測する統計モデルを紹介する．

1.1 Galton (1886) の親子の身長データ

ゴルトン (Francis Galton, 1822–1911) は，親子の身長データを分析し，今日，回帰効果 (regression effect)[1] と呼ばれている統計学的性質を発見した．表 1.1 は Galton (1886)[2] で示された 205 組の両親と成人したその子供 928 人の身長の分割表である．

表 1.1 は縦軸が両親の身長，横軸が子供の身長である．「両親」の身長の階級値は，「父の身長」と「母の身長の 1.08 倍」の平均として計算されている．分割表

表 1.1 Galton (1886) の親子の身長データの分割表 (inch)

	61.2	62.2	63.2	64.2	65.2	66.2	67.2	68.2	69.2	70.2	71.2	72.2	73.2	74.2	合計
73.5												1	3		4
72.5							1	2	1	2	7	2		4	19
71.5				1	3	4	3	5	10	4	9	2	2		43
70.5	1		1		1	1	3	12	18	14	7	4	3	3	68
69.5			1	16	4	17	27	20	33	25	20	11	4	5	183
68.5	1		7	11	16	25	31	34	48	21	18	4	3		219
67.5		3	5	14	15	36	38	28	38	19	11	4			211
66.5		3	3	5	2	17	17	14	13	4					78
65.5	1		9	5	7	11	11	7	7	5	2	1			66
64.5	1	1	4	4	1	5	5		2						23
63.5	1		2	4	1	2	2	1	1						14
合計	5	7	32	59	48	117	138	120	167	99	64	41	17	14	928

---

[1] Galton, F. (1892) *"Hereditary Genius"* (2nd ed.), Macmillan.

[2] Galton, F. (1886) Regression towards mediocrity in hereditary stature. *Journal of the Anthropological Institute*, **15**, 246–263.

表 1.2 「身長データ」の一部 (cm)

両親	子供	両親	子供	両親	子供
179.07	156.718	168.91	157.988	181.61	187.198
173.99	156.718	163.83	157.988	181.61	187.198
166.37	156.718	179.07	160.528	179.07	187.198
163.83	156.718	176.53	160.528	179.07	187.198
162.56	156.718	···	···	179.07	187.198
171.45	157.988	···	···	179.07	187.198
171.45	157.988	184.15	187.198	176.53	187.198
171.45	157.988	184.15	187.198	176.53	187.198
168.91	157.988	184.15	187.198	176.53	187.198
168.91	157.988	184.15	187.198	176.53	187.198

表 1.3 「身長データ」の数値要約

統計量	平均	sd	25%点	50%点	75%点
両親	173.5	4.54	171.4	174.0	176.5
子供	172.9	6.39	168.1	173.2	178.3

を目視で観察すると「平均身長の高い両親の子供は身長が高い傾向にあり，平均身長の低い両親の子供は身長が低い傾向にある」ことが読み取れる．

表 1.1 はインチの単位で計測されているので，階級値を 2.54 倍して単位を cm に変換したデータを「身長データ」と呼ぶ．「身長データ」は「両親」と「子供」という 2 つの変数をもつ $n = 928$ のデータである．その一部を表 1.2 に示す．数値要約が表 1.3 である．2 つの変数の平均値はほぼ同じであり，標準偏差は「両親」のほうが若干小さい．

「身長データ」に乱数を加えた値の散布図を図 1.1 に示す．表 1.1 とは軸を逆に配しており，縦軸が「子供」であり，横軸が「両親」である．乱数を加えた理由は，「身長データ」が分割表から読み取ったデータなので，離散的な値しかとらず，打点されるドットが重なって見づらいためである．乱数は $N(\mu = 0,\ \sigma = 0.8)$ の正規変数 [3] である．以下では乱数を加える前の「身長データ」を分析する．

---

[3] σ を 0.1 から 0.1 ずつ増やした．$\sigma = 0.8$ を試みたときに，離散化の影響による格子模様が，散布図から消えたと判断できた．

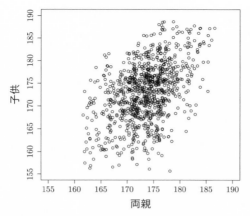

図 1.1 「身長データ」＋ 乱数の散布図

1.2 回 帰 直 線

2つの連続的な変数があるときに，一方の変数から他方の変数を予測できたら便利である．たとえば「両親」の身長から「子供」の身長が予測できたら，役に立つ場合もあるかもしれない．このように，一方の変数から他方の変数を予測・説明するための分析を回帰分析 (regression analysis) という．予測される変数 (この場合は「子供」) を従属変数 (dependent variable) とか基準変数 (criterion variable) といい，ここでは y と表す．予測に利用する変数 (この場合は「両親」) を独立変数 (independent variable) とか予測変数 (predictor variable) といい，ここでは x と表す．

1.2.1 単回帰モデル

測定された基準変数 y_i を予測するとは

$$\hat{y}_i = f(x_i) \tag{1.1}$$

のように，何らかの関数 $f(\ )$ を用いて，予測値 (predicted value，あるいは fitted value) $\hat{y}_i$ を構成することである．添え字 i は，観測対象を表現しており，「身長データ」の場合の i は 1 から 928 まで動く．

ここでは入門的な予測のための関数として

$$\hat{y}_i = a + b \times x_i \tag{1.2}$$

のような1次変換を選ぶ. 1次変換の定数 a, b を定めると1本の直線が決まる. (1.2) 式のような予測式を回帰直線 (regression line) といい,それを使って x_i と y_i の関係を分析する方法を単回帰分析 (simple regression analysis) という. このとき a を切片 (intercept) といい, b を回帰係数 (regression coefficient) という.

予測式 (1.2) には基準変数の測定値 y_i が登場しない. 予測値が測定値にぴったり一致することは期待できないからである. そこで誤差変数 e_i (error variable) を導入し,基準変数の測定値 y_i を

$$y_i = a + b \times x_i + e_i \tag{1.3}$$

と表現する. これを単回帰モデル (simple regression model) という. 誤差変数 e_i は残差 (residual) ともいう. 単回帰モデルは (1.2) 式を考慮して

$$y_i = \hat{y}_i + e_i \tag{1.4}$$

と表現することができる.

回帰直線の上側に測定値がある場合を例にとり,基準変数の測定値 y_i と,予測値 $\hat{y}_i$ と,残差 e_i の関係を図 1.2 に示した. 予測値は回帰直線上の点である. 縦軸が0から目盛られているとすると破線 (---) が予測値 $\hat{y}_i$ である. そこから上に伸びる点線 ($\cdots$) が残差 e_i である. 破線 (---) と点線 ($\cdots$) の和が基準変数の測定値 y_i である.

1.2.2 事後分布

(1.4) 式の誤差変数 e_i が,平均 0,標準偏差 σ_e の正規分布

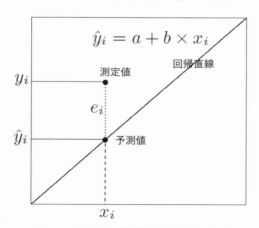

図 1.2 測定値と予測値と回帰直線の関係

$$e_i \sim \mathrm{normal}(0, \sigma_e) \tag{1.5}$$

に従うと仮定する．(1.4) 式によって，平均は $\hat{y}_i$ に移動するから，基準変数は

$$y_i \sim \mathrm{normal}(\hat{y}_i, \sigma_e) = \mathrm{normal}(a + b \times x_i, \sigma_e) \tag{1.6}$$

に従う．以上のことから y_i の分布は正規分布の密度関数を利用して

$$f(y_i|\boldsymbol{\theta}) = \mathrm{normal}(y_i|a + b \times x_i, \sigma_e), \quad \text{ただし} \quad \boldsymbol{\theta} = (a, b, \sigma_e) \tag{1.7}$$

と表現される．x_i は定数であり，確率的に変動しないし母数でもない．

n 個の測定が互いに独立だとすると尤度は，

$$f(\boldsymbol{y}|\boldsymbol{\theta}) = f(y_1|\boldsymbol{\theta}) \times \cdots \times f(y_n|\boldsymbol{\theta}) \tag{1.8}$$

となる．ただし

$$\boldsymbol{y} = (y_1, y_2, \cdots, y_{n-1}, y_n) = (179.07, 173.99, \cdots, 176.53, 176.53) \tag{1.9}$$

である．

各母数の事前分布としては十分に範囲の広い一様分布を利用する．母数は互いに独立であると仮定し，同時事前分布を，

$$f(\boldsymbol{\theta}) = f(a) \times f(b) \times f(\sigma) \tag{1.10}$$

とする．

事後分布は，

$$f(\boldsymbol{\theta}|\boldsymbol{y}) \propto f(\boldsymbol{y}|\boldsymbol{\theta})f(\boldsymbol{\theta}) \tag{1.11}$$

であり，マルコフ連鎖モンテカルロ法 (Markov chain Monte Carlo method, MCMC 法) を利用することにより，母数の事後分布・生成量の事後分布・予測分布に従う乱数を生成することが可能になる．

1.3　生成量と予測分布

単回帰分析の解釈に有用な生成量と予測分布を以下に導く．

1.3.1　予測値の事後分布

予測値の事後分布は，生成量

$$\hat{y}_i^{(t)} = a^{(t)} + b^{(t)} \times x_i \tag{1.12}$$

で近似する．予測値の分散 $\sigma_{\hat{y}}^2$ の事後分布は，$\hat{y}_i^{(t)}$ の分散である $\sigma_{\hat{y}}^{2(t)}$ で近似する．

1.3.2　回帰直線の事後分布

手元のデータ x_i ではなく，任意の予測変数の値 x に対する予測値の事後分布は，生成量

$$\hat{y}^{(t)} = a^{(t)} + b^{(t)} \times x \tag{1.13}$$

で近似する．広い範囲の間隔の短い等差数列を x に与えると，回帰直線の事後分布の近似が得られる．

1.3.3　決 定 係 数

予測値 $\hat{y}_i$ と誤差変数 e_i が互いに独立であるとすると，和の分散は分散の和となる (第 I 巻 10 章 (10.14) 式参照) から，

$$\sigma_y^2 = \sigma_{\hat{y}}^2 + \sigma_e^2 \tag{1.14}$$

のように測定値の分散は，予測値の分散 $\sigma_{\hat{y}}^2$ と誤差の分散 σ_e^2 の単純な和となる．予測変数による基準変数の予測の精度として利用できる 1 つの指標としては，

$$\eta^2 = \frac{\sigma_{\hat{y}}^2}{\sigma_y^2} = \frac{\sigma_{\hat{y}}^2}{\sigma_{\hat{y}}^2 + \sigma_e^2} \tag{1.15}$$

がある．(1.15) 式は第 I 巻 10 章で登場した (分散) 説明率である．ただし回帰分析の文脈では決定係数 (coefficient of determination, あるいは (multiple) R–squared) と呼ばれることが多い．決定係数の事後分布は生成量

$$\eta^{2(t)} = \frac{\sigma_{\hat{y}}^{2(t)}}{\sigma_{\hat{y}}^{2(t)} + \sigma_e^{2(t)}} \tag{1.16}$$

で近似する．

1.3.4　事後予測分布

手元の基準変数の事後予測分布は，乱数

$$y_i^{*(t)} \sim \text{normal}(a^{(t)} + b^{(t)} \times x_i, \sigma_e^{(t)}) \tag{1.17}$$

によって近似する．

手元のデータ x_i ではなく，任意の予測変数の値 x に対する基準変数の事後予測分布は，乱数

$$y^{*(t)} \sim \text{normal}(a^{(t)} + b^{(t)} \times x, \sigma_e^{(t)}) \tag{1.18}$$

によって近似する．広い範囲の間隔の短い等差数列を x に与えると，単回帰モデルの事後予測分布の近似が得られる．

1.4　分　析　結　果

「両親」の平均身長を予測変数とし，「子供」の身長を基準変数として単回帰分析を行う．MCMC 法を用い，2 万 1000 個の乱数を 5 本発生させ，バーンイン (burn–in, 焼きいれ) 期間を 1000 とし，$T = 100000$ の乱数によって母数の事後分布を近似した．本書中の以降の分析でも，適当な設定で MCMC 法を実行し，事後分布を近似する．

1.4.1　母数と決定係数

母数と決定係数と相関係数の事後分布の要約を表 1.4 に示す．切片の推定値は 60.9(7.19)[46.8, 75.0] であり，回帰係数の推定値は 0.646(0.041)[0.565, 0.727] である．ただし最初の数字は EAP 推定値であり，小括弧で post.sd を，大括弧で 95%確信区間を示す．回帰係数の確信区間より，「平均身長の高い『両親』の『子供』は，平均身長の低い『両親』の『子供』より，平均的に身長が高い」と確実にいえる．ただし，この傾向が強いか否かとは，まったく別問題である．誤差標準偏差 σ_e の推定値は 5.695(0.133)[5.441, 5.963] である．「子供」の身長の予測値 $\hat{y}$ の周りで，実測値 y は平均的にモデル上は約 5.7 cm も散らばっている．「両親」の影響は確実にあるけれど，それほど決定的なものでもないともいえる．決定係数の推定値は 0.210(0.023)[0.166, 0.254] である．このことから「子供」の身長の散らばりは，「両親」によって 21.0% 説明されると解釈する．21.0% も説明されると考えるか，21.0% しか説明されないと考えるかは，統計学の問題ではない．

EAP を利用すると，回帰直線は

$$\hat{y} = 60.9 + 0.646 \times x \tag{1.19}$$

のように構成される．「身長データ」の x_i そのものを代入する必要はないから，添え字 i はつけない．図 1.3 の散布図に実線 (—) で回帰直線を示した．破線 (- - -)

表 1.4　単回帰モデルの母数と，決定係数と相関係数の事後分布の要約

	EAP	post.sd	2.5%	5%	50%	95%	97.5%
a (切片)	60.856	7.192	46.836	49.046	60.849	72.720	75.004
b (回帰係数)	0.646	0.041	0.565	0.578	0.646	0.714	0.727
σ_e (誤差 sd)	5.695	0.133	5.441	5.480	5.692	5.920	5.963
η^2 (決定係数)	0.210	0.023	0.166	0.173	0.210	0.247	0.254
ρ (相関係数)	0.457	0.025	0.407	0.416	0.458	0.497	0.504

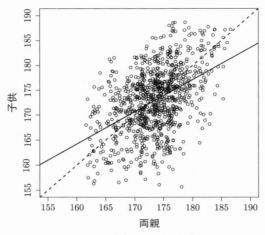

図 1.3　散布図と回帰直線

は $y = x$ の直線である.

　切片 a は予測変数が $x = 0$ であるときの, 基準変数の予測値である. ただし「身長データ」の場合は, 特別な意味 [*4] を付与することはできない. 回帰係数は, 予測変数が 1 単位増加したときの基準変数の予測値の変化量である. したがって平均身長が 1 cm 異なる 2 組の両親を比較した場合には,「高いほうの両親の子供の身長は, 他方の両親の子供より, 平均的に 0.646 cm 高い」だろうと予想される.

1.4.2　「研究仮説が正しい確率」PHC

　研究仮説は (「母数 θ は定数 c より大きい (小さい)」等の)「A は B である」という形式の命題で表現される. 通常の論理命題は, 正しいときには真 (true, 1), 誤っているときには偽 (false, 0) で表現する. 本書で扱う研究仮説 U は, 確率的に 1 と 0 の値をとる命題である.

　研究仮説 U に関する 2 値変数

$$
u^{(t)} = \begin{cases} 1 & \text{true} \quad \theta^{(t)}\text{に関して研究仮説 } U \text{ が真,} \quad t = 1, \cdots, T \\ 0 & \text{false} \quad \text{それ以外の場合} \end{cases} \tag{1.20}
$$

の平均値は, 研究仮説 U が正しい事後確率として利用できる. これを研究仮説が

[*4]　たとえば予測変数がタバコの単位人口当たりの「消費量」であり, 基準変数が肺がんの単位人口当たりの「有病率」とする. このとき切片 a は, 仮にタバコを全面使用禁止にしたときの肺がんの「有病率」の予測値となる.

正しい確率 (probability that research hypothesis is correct, PHC)[*5] と呼び，phc(研究仮説 U)[*6] と表記する．

$u^{(t)}$ を利用すると，たとえば「回帰係数は c より大きい」という研究仮説の phc は，生成量

$$u_{c<b}^{(t)} = \begin{cases} 1 & c < b^{(t)} \\ 0 & それ以外の場合 \end{cases} \tag{1.21}$$

の EAP (平均値) で評価できる．ここで c を基準点と呼ぶ．

「決定係数は c より大きい」という研究仮説の phc は，生成量

$$u_{c<\eta^2}^{(t)} = \begin{cases} 1 & c < \eta^{2(t)} \\ 0 & それ以外の場合 \end{cases} \tag{1.22}$$

の EAP (平均値) で評価できる．

たとえば「回帰係数は 0.6 より大きい」という言明は，86.9%の確率で成立し，これを phc$(0.6 < b) = 0.869$ と表記する．「決定係数は 0.2 より大きい」という言明は，66.8%の確率で成立し，phc$(0.2 < \eta^2) = 0.668$ と表記する．

1.4.3 phc テーブル・phc 曲線

基準点 c は，統計学的には決められない．調査やドメイン知識で定める．しかし多くの場合に，実質科学的観点から基準点を 1 点に定めることは難しい．同じ基準点 c の研究上の価値は，立場 (たとえば基礎研究・実践研究・製品開発等) や固有技術的文脈によって異なるからだ．同じ立場の中でも人によって，重視する観点が異なることもある．

基準点は必ずしも 1 点に，あらかじめ決められなくてよい．代わりに表 1.5 のような表を示したり，図 1.4 のようなグラフを示すことができる．

表 1.5 には，回帰係数と決定係数に関して，c を動かしたときの phc を示した．これを **phc テーブル** (phc table) と呼ぶ．図 1.4 は横軸に基準点 c を，縦軸に phc を配したグラフである．これを **phc 曲線** (phc curve) と呼ぶ．表 1.5 の内

[*5] 豊田秀樹 (2015)『基礎からのベイズ統計学—ハミルトニアンモンテカルロ法による実践的入門—』，朝倉書店．
豊田秀樹 (2017) p 値を使って学術論文を書くのは止めよう．Let us stop writing academic papers relying on p-values for hypothesis validation. *Japanese Psychological Review*, **60**(4), 379–390.
[*6] システムは大文字 PHC で，実現した確率は小文字 phc(研究仮説 U) で表記する．

表 1.5　回帰係数と決定係数の phc テーブル

c	0.54	0.55	0.56	0.57	0.58	0.59	0.6
phc$(c < b)$	0.995	0.990	0.982	0.968	0.946	0.914	0.869

c	0.14	0.15	0.16	0.17	0.18	0.19	0.2
phc$(c < \eta^2)$	0.999	0.997	0.988	0.964	0.910	0.811	0.668

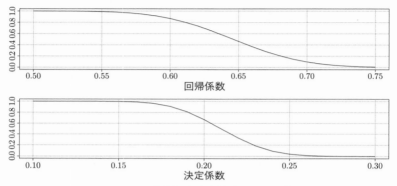

図 1.4　回帰係数と決定係数の phc 曲線

容を可視化したグラフである. phc$(0.54 < b) = 0.995$, phc$(0.55 < b) = 0.990$, phc$(0.15 < \eta^2) = 0.997$, phc$(0.16 < \eta^2) = 0.988$ であることなどが示されている.

1.4.4　回　帰　効　果

図 1.3 の散布図をもう一度観察しよう. 実線 (—) の回帰直線の傾きは 0.646 であり, 破線 (- - -) $y = x$ の傾きは 1.000 である. 回帰直線の傾きは 45 度の直線より寝ている. これは「平均身長の高い『両親』の『子供』の予測値は両親ほど高くはなく, 逆に平均身長の低い『両親』の『子供』の予測値は両親ほど低くはない」ことを示している. 言い換えるならば, 予測値が平均身長に向かって回帰して (引き戻されて) いる. ゴルトンはこの現象を回帰効果と命名した.

表 1.6 の 1 列目は「両親」であり, 2 列目は予測値の EAP 推定値である.「両親」の平均身長が低い 155 cm, 160 cm, 165 cm のときの,「子供」の身長の予測値は 161.0 cm, 164.2 cm, 167.5 cm であり, それぞれ「両親」より高くなっている. 逆に「両親」の平均身長が高い 175 cm, 180 cm, 185 cm, 190 cm のときの,「子供」の身長の予測値は 173.9 cm, 177.1 cm, 180.4 cm, 183.6 cm であり, それぞれ「両親」より低くなっている.「両親」の値が平均から離れるに従って, そ

表 1.6 予測値の事後分布の要約

予測変数	EAP	post.sd	2.5%	5%	50%	95%	97.5%
155	161.0	0.789	159.4	159.7	161.0	162.3	162.5
160	164.2	0.590	163.1	163.3	164.2	165.2	165.4
165	167.5	0.399	166.7	166.8	167.5	168.1	168.2
170	170.7	0.237	170.2	170.3	170.7	171.1	171.1
175	173.9	0.197	173.5	173.6	173.9	174.2	174.3
180	177.1	0.328	176.5	176.6	177.1	177.7	177.8
185	180.4	0.512	179.4	179.5	180.4	181.2	181.4
190	183.6	0.709	182.2	182.4	183.6	184.8	185.0

れに応じてより強く,「子供」の予測値は平均値に向かって引き戻されている. これがゴルトンが発見した回帰効果である.

「『子供』の身長の予測値が平均身長に向かって引き戻されるのであれば, 世代を重ねるに従って身長の散らばりは次第に小さくなるのだろう」と考えてはいけない. 表 1.3 で示された「両親」の標準偏差は 4.54 であり,「子供」の標準偏差は 6.39 であった. むしろ「子供」のほうが散らばりは大きい.「両親」が 190 cm の「子供」の予測値がもし 190 cm だとしたら, それ以上高い子供が生まれる可能性も半分あることになる. 予測値が親の身長に一致するほうが不自然である. 回帰効果のもとで世代を重ねても測定値の散らばりは必ずしも小さくはならない.

ここで回帰式 (1.19) 式右辺に,「両親」の平均値より低い 173 cm を代入してみよう. 上述のように「両親」より高い予測値が得られるだろうか? 結果は

$$172.7 = 60.9 + 0.646 \times 173 \tag{1.23}$$

となり, 平均より低い「両親」から,「両親」より低い「子供」が予測された. ゴルトンが示した知見の反例である. 回帰効果は常に成り立つわけではないのだろうか. そうではない. 統計学の回帰効果は, 相関が ±1.0 でない 2 変数に必ず観察される. オリジナルの回帰効果は遺伝学の分野で発見されたが, 今日, 統計学で定義されている数理的な回帰効果とは異なっている.

第 2 次世界大戦後の日本のように世代を経るごとに平均身長がぐんぐん伸びた社会では,「両親」の身長が高くても低くても「子供」の身長の予測値は「両親」より高くなる. 慢性的にインフレが進行している社会で, 貨幣に関する回帰分析を行っても同様である. 標準得点の回帰式は

$$z_y = \rho \times z_x \tag{1.24}$$

のように表現される. z_y と z_x は, それぞれ y と x の標準得点である. 回帰係数
は相関 ρ であり, 切片は必ず 0 となる. 「標準得点の回帰式では, 予測変数の値
より基準変数の予測値のほうが 0 に近づく (絶対値が小さくなる)」という性質が
統計学における回帰効果である. ゴルトンの「身長データ」では「両親」と「子
供」の平均値と標準偏差が比較的似ていたので, 回帰効果を測定値で近似的に実
感できたのである.

　回帰分析における予測変数と基準変数は, 測定単位が同一である必要がないの
で, 回帰効果はさまざまな場面で観察される. 有名な政治家・俳優・歌手の 2 世
が, 平均的に親ほどは活躍しないことが多い. それは回帰効果のためであり, 必
ずしも 2 世の努力不足ではないのかもしれない.

　成績が良かったときに褒め, 成績が悪かったときに叱ると, 褒めた場合には次
回は成績が下がり, 叱った場合には上がることが多い. この場合は褒めたことが
油断を招いて成績が下がった, 叱ったためにやる気を出して成績が上がったので
はなく, 単なる回帰効果なのかもしれない.

1.4.5　回帰直線の事後分布・確信区間

　表 1.6 は基準変数の 8 地点における予測値の事後分布の数値要約である. 予測
値の事後分布を用い, 以下の手順で回帰直線の確信区間を描くことができる.

1) 予測変数を覆う区間の点 x を用意する. 具体的には, ここでは「両親」に
関して 155 から 2 おきで 190 まで合計 18 の点を選んだ.
2) 18 の点 x で (1.13) 式を評価し, 構成した 18 個の $\hat{y}^{*(t)}$ の事後分布を求める.
3) 18 個の事後分布の 2.5%点を破線 (---) で結び, 97.5%点も破線 (---) で
結ぶ.
4) その内側が回帰直線の 95%確信区間となる.

図 1.5 において回帰直線の 95%確信区間を破線 (---) で示した. 真ん中の実線は
回帰直線である. 95%確信区間は中心部がくびれ, 周辺部は太くなっている形状
が観察される. このことは表 1.6 の post.sd の列でも確認できる.

1.4.6　基準変数の予測分布・予測区間

　表 1.7 には基準変数の 8 地点における予測値の事後予測分布の要約を示した.
母数ではないから 3 列目は post.sd ではなく, sd である. たとえば「両親」が
155 cm の「子供」の測定値は 95%の確率で [149.8 cm, 172.3 cm] の区間で観察され
る. 事後予測分布を用い, 以下の手順で回帰直線の予測区間を描くことができる.

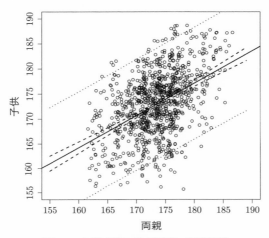

図 1.5 回帰直線・確信区間・予測区間

1) 予測変数を覆う区間の点 x を用意する．先と同じ 18 の点とする．
2) その 18 の点 x を利用して (1.18) 式で乱数を発生させ，構成した 18 個の $y^{*(t)}$ の事後予測分布を求める．
3) 18 個の予測分布の 2.5% 点を点線 ($\cdots$) で結び，97.5% 点も点線 ($\cdots$) で結ぶ．
4) その内側が基準変数 y^* の 95% 予測区間となる．

図 1.5 において基準変数 y^* の 95% 予測区間を点線 ($\cdots$) で示した．わずかな傾向なので目視では分かりづらいけれども，95% 予測区間も中心部がくびれ，周辺部は太くなっている．このくびれは表 1.7 の sd の列で確認できる．

表 1.7 基準変数の事後予測分布の要約

予測変数	EAP	sd	2.5%	5%	50%	95%	97.5%
155	161.0	5.75	149.8	151.6	161.0	170.4	172.3
160	164.2	5.74	153.0	154.8	164.2	173.6	175.4
165	167.5	5.74	156.3	158.1	167.5	176.9	178.6
170	170.7	5.71	159.5	161.3	170.7	180.1	181.9
175	173.9	5.69	162.7	164.5	173.9	183.3	185.1
180	177.1	5.71	165.9	167.7	177.1	186.5	188.3
185	180.4	5.74	169.2	171.0	180.4	189.8	191.6
190	183.6	5.74	172.3	174.1	183.6	193.0	194.9

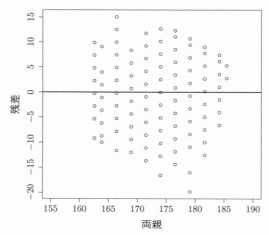

図 1.6 残差プロット (予測変数と残差の散布図)

1.4.7 残差プロット

横軸に予測変数,縦軸に残差を配して描いた散布図を残差プロット (residual plot) という.図 1.6 に残差プロットを示した.ここでは基準変数と (1.12) 式の EAP 推定値との差を残差 $\hat{e}_i$ としている.残差プロットでは,図 1.6 のように $\hat{e} = 0$ に水平線を引き,残差の正負が目立つようにすることが多い.水平線の上側の打点は「両親」からの予測より背の高い「子供」であり,下側の打点は「両親」からの予測より背の低い「子供」である.

プロットが格子の形状を示しているのは (図 1.1 とは異なり) 乱数を加える前の「身長データ」で描いたためである.オリジナルのデータが分割表の階級値であり,とりうる値の種類が少なかったために格子模様になっている.

1.5 確 認 問 題

以下の説明に相当する用語を答えなさい.
1) 一方の変数から他方の変数を予測・説明するための分析方法.
2) 回帰分析における従属変数の別名は何か.
3) 回帰分析における独立変数の別名は何か.
4) 回帰分析における $\hat{y}_i$ は基準変数の何か.
5) 1 次変換による予測式を何というか.
6) 回帰直線 $\hat{y} = a + bx$ における母数 a は何か.

7) 回帰直線 $\hat{y} = a + bx$ における母数 b は何か.
8) 回帰分析における誤差変数の別名は何か.
9) 基準変数の分散に占める，その予測値の分散の割合は何か.
10) 回帰分析における独立変数と残差の散布図は何か.

1.6 実 習 課 題

知覚された長さの実験：「私はどれほど正確に長さを評価できるだろう」.
用意するもの：パスタ 10 本 (他の乾麺でも可)，記録用紙，定規.
実験のやりかた

- 10 本のパスタを 5 cm くらいから 20 cm くらいの長さに適当に折る.
- よく混ぜて，見ないで 1 本引き抜き，mm の単位で長さを目測し，表の「目測」の欄に記入する．記入後，それが何本目に評価されたかが分かるようにしておく.
- 10 本のパスタをすべて同様に評価したら，パスタの長さを測り，表の「実測」の欄に記入する.

表 1.8　長さの目測と実測の生データ (mm)

	1	2	3	4	5	6	7	8	9	10
目測	110	232	176	207	122	202	191	124	193	250
実測	130	268	104	185	128	147	162	68	142	175

実験の結果の例を表 1.8 に示す．1 番目のデータ 110 と 130 は同じパスタの測定値であり，最後のデータ 250 と 175 も同じパスタの測定値である.

実験を行い，あなた自身のデータを測定しなさい．「目測」での測定値を予測変数，「実測」での測定値を基準変数とし，表 1.4，図 1.3，表 1.5，図 1.4 に相当する図表を作成し，自身の知覚バイアスという観点から，適切に解釈しなさい.

2 重回帰モデル

■ ■ ■

予測変数が複数ある回帰分析を論じる．特に予測変数が 2 つの場合を詳述する．

2.1 直腸がんデータの分析

世界 47 カ国の 1961～1965 年における食物供給量と 1974 年の直腸がんの訂正
死亡率のデータ [*1)] を示したのが表 2.1 である．「総熱量」「乳製品」は，1 人が 1
日当たりに摂取する食品の熱量 (kcal) である．「直腸がん」は，年齢構成によっ

表 2.1 食物供給量と直腸がんの訂正死亡率

国番号	総熱量	乳製品	直腸がん	国番号	総熱量	乳製品	直腸がん
1	2336	89	2.53	25	3190	388	5.91
2	2578	127	1.90	26	2200	142	0.71
3	2431	117	2.84	27	1940	101	0.59
4	1895	111	0.88	28	1819	94	0.57
5	2352	100	2.66	29	2570	93	0.66
6	2342	92	1.61	30	2436	133	5.72
7	3349	413	4.38	31	2938	364	6.07
8	2225	167	1.39	32	2468	47	4.02
9	2869	218	3.89	33	2551	47	6.00
10	1915	20	1.11	34	2416	112	6.18
11	2135	17	0.13	35	3366	337	9.99
12	3364	272	7.88	36	3242	136	5.15
13	3398	254	11.92	37	3409	402	10.99
14	3192	590	5.32	38	3351	254	7.45
15	3264	293	9.74	39	2862	181	0.66
16	3246	190	9.12	40	3093	730	2.73
17	3457	438	7.42	41	3079	186	6.38
18	3364	272	8.72	42	3239	386	6.90
19	3107	483	6.34	43	3260	385	5.49
20	2861	91	6.46	44	2903	199	3.45
21	2848	159	4.27	45	3177	444	6.87
22	3521	436	7.03	46	3396	371	8.56
23	3201	182	4.91	47	3256	345	6.34
24	3517	422	9.59				

[*1)] 柳井晴夫，高木広文 (編著)(1986)『多変量解析ハンドブック』，現代数学社．

表 **2.2** 「直腸がんデータ」の要約統計量

	総熱量	乳製品	直腸がん
平均	2871	243.2	5.094
標準偏差	500	159.1	3.100

て訂正した人口 10 万人当たりの直腸がんによる死亡者数である．このデータを以後「直腸がんデータ」と呼ぶ．ここでは 1 つの国に対して 3 種類の測定をしている．表 2.1 のように 1 つの観測対象 (ここでは国) から 3 回以上の測定を行ったデータを**多変量データ** (multivariate data) という．表 2.2 に要約統計量を示す．

2.1.1 多変量散布図

対応あるデータの場合は散布図を描くことによって，データの様子を視覚的に調べることができた．多変量データの場合は図 2.1 のような**多変量散布図** (multivariate scatter plot) を描くことによって，データの様子を視覚的に調べることができる．

左上から右下に向かっての斜めの要素は行と列の番号が同じ (1 行 1 列，2 行 2 列 $\cdots$) であり，**対角要素** (diagonal element) という．それ以外の行番号と列番号が異なる要素を**非対角要素** (off–diagonal element) という．多変量散布図にはさまざまな描画ルールがあり，ここでは対角要素に変数名とヒストグラムを描き，

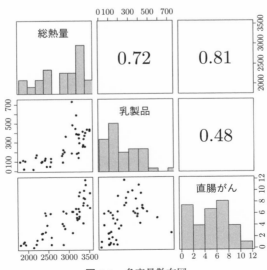

図 **2.1** 多変量散布図

非対角要素の下側に散布図を配し，非対角要素の上側に相関係数を示した．

散布図を観察すると「直腸がん」と「総熱量」に 0.81 という強い正の相関関係があることが観察される．直腸がん発生の一つの要因としては，熱量の大きい脂肪の過剰摂取が知られている．「総熱量」と「乳製品」にも正の相関 0.72 がある．これは乳製品の熱量が大きいことが原因の一つといえよう．このデータの 1 番のキーポイントは，「直腸がん」と「乳製品」にも 0.48 という正の相関があることである．後の伏線として意識しておいていただきたい．

2.1.2 共分散行列・相関行列

矩形 (長方形) に並んだ数の集まりを行列 (matrix) という．非対角要素である i 行 j 列の要素と j 行 i 列の要素がすべて等しい行列を**対称行列** (symmetric matrix) という．

多変量データに含まれる変数 i と変数 j の共分散を非対角要素の i 行 j 列に並べた対称行列を**共分散行列** (covariance matrix) という．共分散行列の対角要素には分散を配する．「直腸がんデータ」の共分散行列を表 2.3 に示す．

多変量データに含まれる変数 i と変数 j の相関係数を非対角要素に並べた対称行列を**相関行列** (correlation matrix) という．相関行列の対角要素は，変数自身の相関だから 1.00 である．「直腸がんデータ」の相関行列を表 2.4 に示す．

表 2.3 「直腸がんデータ」の共分散行列

	総熱量	乳製品	直腸がん
総熱量	255680	58257	1283
乳製品	58257	25927	241
直腸がん	1283	241	10

表 2.4 「直腸がんデータ」の相関行列

	総熱量	乳製品	直腸がん
総熱量	1.00	0.72	0.81
乳製品	0.72	1.00	0.48
直腸がん	0.81	0.48	1.00

2.2 重回帰モデル

複数の予測変数の重み付き和による基準変数の予測式

$$\hat{y}_i = a + b_1 x_{i1} + \cdots + b_j x_{ij} + \cdots + b_p x_{ip} \tag{2.1}$$

を**重回帰式** (multiple regression equation) という．添え字 i は観測対象を示し，添え字 j は予測変数を示す．予測変数の数は p 個である．a を切片と呼ぶことは単回帰分析と変わりないが，j 番目の予測変数に対する重み b_j は**偏回帰係数** (partial regression coefficient) という．(2.1) 式を利用して，y_i と x_{ij} の関係を分析する

方法を**重回帰分析** (multiple regression analysis) という.

重回帰式には基準変数 y_i が登場しない. 予測値が測定値にピタリと一致することは期待できないからである. そこで (1.3) 式に相当する

$$y_i = a + b_1 x_{i1} + \cdots + b_j x_{ij} + \cdots + b_p x_{ip} + e_i \qquad (2.2)$$

を利用する. これを**重回帰モデル** (multiple regression model) という.

誤差変数 e_i が, 平均 0, 標準偏差 σ_e の正規分布に従い, e_i と x_{ij} が独立であるとすると, y_i の分布は正規分布の密度関数を利用して

$$f(y_i|\boldsymbol{\theta}) = \mathrm{normal}(y_i|a + b_1 x_{i1} + \cdots + b_j x_{ij} + \cdots + b_p x_{ip}, \sigma_e), \qquad (2.3)$$

$$\text{ただし} \quad \boldsymbol{\theta} = (a, b_1, \cdots, b_j, \cdots, b_p, \sigma_e)$$

と表現される. 尤度は (1.8) 式, 事後分布は (1.11) 式となり, MCMC 法を利用することにより, 母数の事後分布・生成量の事後分布・予測分布に従う乱数を生成することが可能になる.

予測値の事後分布は生成量

$$\hat{y}_i^{(t)} = a^{(t)} + b_1^{(t)} x_{i1} + \cdots + b_j^{(t)} x_{ij} + \cdots + b_p^{(t)} x_{ip} \qquad (2.4)$$

によって, 重回帰式の事後分布は生成量

$$\hat{y}^{(t)} = a^{(t)} + b_1^{(t)} x_{.1} + \cdots + b_j^{(t)} x_{.j} + \cdots + b_p^{(t)} x_{.p} \qquad (2.5)$$

によって近似する. ただし $x_{.j}$ は j 番目の予測変数の任意の値である. 観測対象 i の事後予測分布は乱数

$$y_i^{*(t)} \sim \mathrm{normal}(a^{(t)} + b_1^{(t)} x_{i1} + \cdots + b_j^{(t)} x_{ij} + \cdots + b_p^{(t)} x_{ip}, \sigma_e^{(t)}) \qquad (2.6)$$

によって近似する.

2.2.1 標準偏回帰係数

単回帰分析とは異なり, 予測変数が複数ある重回帰分析では重みの大きさを互いに比較する必要が生じる. しかし偏回帰係数の大きさは, 単純に比較することはできない. たとえば「総熱量」の標準偏差は 500 であり, 「乳製品」の標準偏差は 159.1 である. 仮に 2 つの変数の偏回帰係数の値が同じであったとしても, 変数の散らばりの大きさが違うから, 基準変数に対する影響力が異なり, 比較は困難である.

重みの大きさを互いに比較する場合には，基準変数と予測変数を，平均 0，標準偏差 1 の標準得点に変換したときの偏回帰係数である**標準偏回帰係数** (standard partial regression coefficient) を利用する．

標準得点に変換して標準偏回帰係数を求めてみよう．y_i あるいは x_{ij} を含まない項を $(\cdots)$ で表現すると (2.2) 式は以下のように表現でき，

$$y_i = b_j x_{ij} + \cdots$$

$$\left[\text{両辺に母平均など同じ項を足して引き}\right]$$

$$y_i - \mu_y + \mu_y = b_j x_{ij} - b_j \mu_{x_j} + b_j \mu_{x_j} + \cdots$$

$$\left[\text{左辺} +\mu_y \text{を移項し，右辺} +b_j\mu_{x_j} \text{とともに} (\cdots) \text{に含め}\right]$$

$$y_i - \mu_y = b_j x_{ij} - b_j \mu_{x_j} + \cdots$$

$$\left[\text{両辺をそれぞれの標準偏差で割り，そして掛け}\right]$$

$$\frac{y_i - \mu_y}{s_y} s_y = b_j s_{x_j} \frac{x_{ij} - \mu_{x_j}}{s_{x_j}} + \cdots$$

$$\left[\text{平均を引き標準偏差で割った部分を標準得点で置き換え}\right]$$

$$z_{yi} s_y = b_j s_{x_j} z_{xij} + \cdots$$

$$\left[\text{両辺を } s_y \text{ で割ると}\right]$$

$$z_{yi} = \frac{b_j s_{x_j}}{s_y} z_{xij} + \cdots$$

となる．以上のことから標準偏回帰係数 b_j^* は

$$b_j^* = \frac{b_j s_{x_j}}{s_y}, \quad j = 1, \cdots, p \tag{2.7}$$

と導かれる．

切片 a は，値が 1 だけの予測変数にかかる重みと解釈することができる．この場合標準偏差は 0 になるから，(2.7) 式の分子が 0 となる．したがって標準得点の重回帰式では切片は常に 0 となる．

2.2.2　重相関係数

予測変数による基準変数の予測の精度としては，すでに決定係数を学んだ．同じ目的のもう一つの指標として重相関係数がある．**重相関係数** (multiple correlation coefficient) は基準変数の測定値と予測値の相関係数である．$y = \hat{y} + e$ であることや，$\hat{y}$ と e が互いに独立であることを利用すると，重相関係数 $\rho_{y\hat{y}}$ は，

$$\rho_{y\hat{y}} = \frac{\sigma_{y\hat{y}}}{\sigma_y \sigma_{\hat{y}}} = \frac{cov(\hat{y}+e,\ \hat{y})}{\sigma_y \sigma_{\hat{y}}} = \frac{\sigma_{\hat{y}}^2}{\sigma_y \sigma_{\hat{y}}} = \frac{\sigma_{\hat{y}}}{\sigma_y} = \eta \qquad (2.8)$$

のように決定係数 (1.15) 式の平方根に一致する. ここで関数 $cov(\ )$ は共分散を
計算する関数である.

重相関係数の事後分布は, 生成量

$$\rho_{y\hat{y}}^{(t)} = \eta^{(t)} \qquad (2.9)$$

によって近似できる.

2.2.3 母数の事後分布

「直腸がん」を基準変数とし,「乳製品」「総熱量」を予測変数 (それぞれ x_1, x_2)
とし重回帰分析を行う. 事後分布の要約を表 2.5 に示す.

「乳製品」の偏回帰係数 b_1 の EAP が -0.402 であり, 負である. しかしここだ
けを見て「『乳製品』の増加は『直腸がん』の減少に寄与する」と即断してはいけ
ない. なぜならば, 図 2.1 から明らかなように,「乳製品」と「直腸がん」には正
の相関関係があるからである.

偏回帰係数は「自身以外の予測変数が一定であるときに, 当該予測変数が 1 単
位動いたときの, 基準変数の平均的変化量」と解釈する.「乳製品」の b_1 の EAP
が -0.402 であるということは,「『総熱量』が一定であるときに,『乳製品』を
$100\,\mathrm{kcal}$ 増加させると『直腸がん』は 0.402 人減少する」と解釈する. しかし平均
が $243.2\,\mathrm{kcal}$ で標準偏差が $159.1\,\mathrm{kcal}$ の「乳製品」をさらに $100\,\mathrm{kcal}$ 増加させる
のは大変なことである.「乳製品」の偏回帰係数 b_1 には実質的な効果をあまり期
待できない. このように偏回帰係数の正しい解釈は難しい. 少なくとも基準変数
との相関係数の解釈と, 偏回帰係数の解釈ははっきりと区別しなくてはいけない.

表 2.5　事後分布の要約

	EAP	post.sd	2.5%	5%	50%	95%	97.5%
a	-10.973	1.890	-14.699	-14.068	-10.974	-7.872	-7.259
b_1	-0.402	0.247	-0.889	-0.809	-0.402	0.004	0.084
b_2	0.594	0.078	0.439	0.465	0.594	0.723	0.748
σ_e	1.875	0.207	1.525	1.570	1.855	2.246	2.335
η^2	0.649	0.070	0.492	0.523	0.657	0.749	0.763
η	0.804	0.044	0.701	0.723	0.811	0.865	0.873
b_1^*	-0.207	0.127	-0.457	-0.416	-0.206	0.002	0.043
b_2^*	0.958	0.126	0.709	0.751	0.958	1.166	1.207

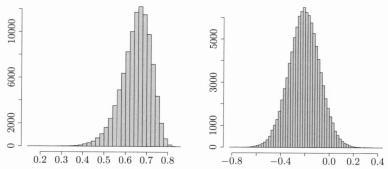

図 **2.2**　決定係数の事後分布 (左) と「乳製品」の標準偏回帰係数の事後分布 (右)

予測変数の数 p が大きくなると「自身以外の予測変数が一定であるときに」という前提が実質科学的に意味をもたなくなるケースが生じやすくなる. そうなったら偏回帰係数の解釈はあきらめ, 分析の主目的を基準変数の予測とする.

決定係数の EAP 推定値は 0.649 であり, 基準変数の変動は予測変数の組によって 64.9%説明された. 重相関係数の EAP 推定値は 0.804 であり, 基準変数とその予測値の相関は約 0.804 である.

図 2.2 に, 決定係数の事後分布 (左図) と「乳製品」の標準偏回帰係数の事後分布 (右図) を示す. 決定係数は上限が 1.0 なので, 形状が負に歪んでいる.

「乳製品」の標準偏回帰係数 b_1^* の事後分布は, 全体的には負の領域で分布しているけれども, 主要な領域に点 0 を含んでいる. したがって正や負の効果があることに確信はもてない. では逆に,「『乳製品』の標準偏回帰係数には効果がない」と積極的に確信がもてるだろうか.

2.2.4　「事実上同じ範囲」ROPE

「『乳製品』の標準偏回帰係数には効果がない」という仮説の現実世界におけるイメージは,「b_1^* は, およそ 0.0 の近辺に存在する」である. このおよその近辺を事実上同じ範囲 (region of practical equivalence, ROPE, ロウプと読む)[*2)] という. ROPE は, 一般的に

$$|g(\theta) - まったく研究成果のない点| < c \tag{2.10}$$

*2)　Kruschke, J. (2014) *"Doing Bayesian Data Analysis: A Tutorial with R, JAGS, and Stan"* (2nd ed.), Academic Press. 前田和寛, 小杉考司 (翻訳) (2017)『ベイズ統計モデリング: R, JAGS, Stan によるチュートリアル』(原著第 2 版), 共立出版, 第 12 章.

と表現できる. この場合, まったく研究成果のない点は 0 だから, $|b_1^*| < c$ である.

標準偏回帰係数 b_1^* の ROPE に関する $\mathrm{phc}(|b_1^*| < c)$ の phc 曲線を図 2.3 の上段に, phc テーブルを表 2.6 の上段に示した. 十分 c が小さい領域で, もし ROPE の phc が高くなっていれば, 積極的に「『乳製品』の標準偏回帰係数には効果がない」と確信がもてる. しかし $\mathrm{phc}(|b_1^*| < 0.1) = 0.188$, $\mathrm{phc}(|b_1^*| < 0.2) = 0.476$ であり, 必ずしも確信はもてない.

2.2.5 phc 曲線・phc テーブル

「総熱量」の標準偏回帰係数 b_2^* に関する $\mathrm{phc}(c < b_2^*)$ の phc 曲線を図 2.3 の下段に, phc テーブルを表 2.6 の下段に示した. $\mathrm{phc}(0.7 < b_2^*) = 0.979$, $\mathrm{phc}(0.8 < b_2^*) = 0.895$ であることなどが示されている.

2.2.6 回帰平面

3 次元空間に 3 つの変数の測定点をプロットしたグラフを 3 次元散布図 (3D scatter plot) という. 図 2.4 に「乳製品」「総熱量」「直腸がん」の 3 次元散布図を示す (単位は kcal). 立体的なイメージを促すために測定点から「乳製品」×「総熱量」平面に垂線を下している. $p = 2$ の重回帰式は 3 次元空間内に 1 枚の平面

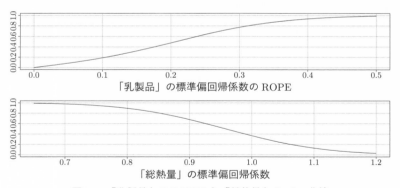

図 2.3 「乳製品」の ROPE と「総熱量」の phc 曲線

表 2.6 回帰係数と決定係数の phc テーブル

c	0	0.05	0.1	0.15	0.2	0.25	0.3
$\mathrm{phc}(|b_1^*| < c)$	0.000	0.084	0.188	0.321	0.476	0.636	0.772

c	0.68	0.7	0.72	0.74	0.76	0.78	0.8
$\mathrm{phc}(c < b_2^*)$	0.986	0.979	0.970	0.958	0.941	0.920	0.895

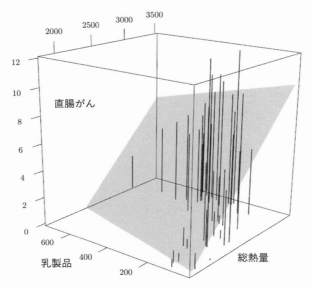

図 **2.4** 3 次元散布図と回帰平面 (単位：kcal)

を張る．これを回帰平面 (regression plane) という．図 2.4 には回帰平面

$$「直腸がん」= a + b_1「乳製品」+ b_2「総熱量」 \qquad (2.11)$$

も描いている．回帰平面の上下に測定点がまとわりついている．

　「直腸がん」×「総熱量」平面 (手前) と回帰平面が交わる直線は傾き b_2 が正である．対して「直腸がん」×「乳製品」平面 (奥) と回帰平面が交わる直線は傾き b_1 が負である．たとえば「総熱量」が 3000 kcal 当たりのデータに注目すると，「乳製品」が増えれば「直腸がん」が，はっきりと減っている．これが「総熱量」が一定のときの「乳製品」から「直腸がん」への負の影響である．「直腸がん」×「乳製品」平面にデータを投影すると傾きが正であることは図 2.1 で示されていた．データ全体では「乳製品」が増えれば「直腸がん」も増えるのである．ここが相関係数と偏回帰係数の符号が異なっていることの本質である．

2.2.7 残差プロット

　単回帰分析では予測変数 × 残差の残差プロットを描くことが有効であった．重回帰分析では図 2.5 のように，基準変数の予測値 × 残差の残差プロットを描くことが有効である．たとえば番号 13 の国が予測値より死亡者が約 4 人多いこと，番号 39 の国が予測値より死亡者が約 4 人少ないこと，番号 12 の国が予測値と死亡

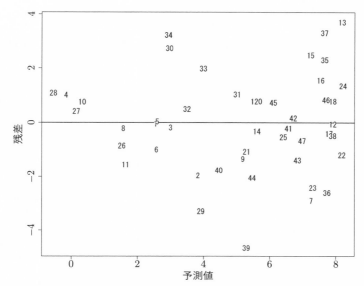

図 2.5 残差プロット (予測値 $\hat{y}$ と残差 e の散布図)

者がほぼ同じであること等が観察される.

残差プロットは, 新たな予測変数の探索のために有用である. たとえば, 番号 13, 34, 37 の国は, なぜ, 予測値より死亡者が多いのか, 番号 7, 29, 39 の国は, なぜ, 予測値より死亡者が少ないのか, 国の特徴を考察することによって, 回帰式に投入すべき新たな予測変数の候補を探すことができる.

2.2.8 予測分布

単回帰分析では, 広い範囲の間隔の短い等差数列を x^* に与えることにより事後予測分布を近似した. しかし重回帰分析では予測変数の次元数が高いので網羅的に予測変数の状態を準備するのは手間がかかる. そこで予測変数のいくつかの測定点に対する基準変数の事後予測分布を考察することが多い. 表 2.7 には, 予測変数の 3 つの測定点に対する予測値・事後標準偏差・事後分布 95%点・事後予測分布 95%点を例示する.

たとえば「乳製品」を 140 kcal,「総熱量」を 2700 kcal 摂取した場合 (中段) は, 死亡者の予測値の平均は 4.5 人であり, 予測値の 95%確信区間の上限は 5.0 人であり, 予測分布の 95%上側点は 7.6 人である (ネガティブなことなので, 最悪の場合を考察する).

「乳製品」を100 kcal 増やすと,「総熱量」も100 kcal 増え,「乳製品」を240 kcal,「総熱量」を2800 kcal 摂取した場合 (上段) は,死亡者の予測値の平均は4.7人であり,予測値の95%確信区間の上限は5.1人であり,予測分布の95%上側点は7.8人となる.

「乳製品」を増やすと,偏回帰係数は負でも,死亡者の予測値は増えることがある.「乳製品」と「総熱量」の相関が正だからである.

表 2.7 予測値・事後標準偏差・事後分布 95%点・事後予測分布 95%点

乳製品	総熱量	$\hat{y}^*_{eap\ i}$	post.sd	確信 95	sd	予測 95
240	2800	4.7	0.3	5.1	1.9	7.8
140	2700	4.5	0.3	5.0	1.9	7.6
340	2900	4.9	0.4	5.5	1.9	8.0

2.3 確 認 問 題

以下の説明に相当する用語を答えなさい.
1) 1つの観測対象から3回以上の測定を行ったデータ.
2) 行列中の行番号と列番号が同じ要素.
3) i 行 j 列の要素と j 行 i 列の要素の内容が同じである行列.
4) 対称行列の形式で非対角要素に散布図を配したグラフ.
5) 変数 i と変数 j の共分散を i 行 j 列に並べた対称行列.
6) 変数 i と変数 j の相関係数を i 行 j 列に並べた対称行列.
7) 複数の予測変数の重み付き和による基準変数の予測式.
8) 重回帰式における予測変数にかかる係数.
9) 基準変数と予測変数とを標準得点にしたときの偏回帰係数.
10) 基準変数の測定値と,基準変数の予測値との相関係数.
11) 3次元空間に3つの変数の測定値をプロットしたグラフ.
12) 予測変数が2つの重回帰式が,3次元空間内に張る平面.

2.4 実 習 課 題

以下の例を参考にして,「重回帰分析でこんな変数を予測したら,さぞおもしろいだろうな」と,あなたが思う分析の例を1つ挙げ,以下の 1)~5) の形式でレポートせよ.ただしどんなデータでも手に入るものと仮定する.
1) 分析タイトル:満月は人を犯罪に駆り立てるか?

2) **基準変数** y：夜間犯罪発生数.

3) **予測変数** x_1：月の満ち欠け (新月から何日目の月か，16 日目以降は 30 から引く．例，$30 - 16 = 14$, $30 - 17 = 13$)

4) **予測変数** x_2：夜間雲量 (空の全天に占める雲の割合)．0〜10％で快晴，20〜80％で晴れ，90〜100％で曇りと分類される.

5) **おもしろいと思う理由**：満月の晩は犯罪が起きやすいという都市伝説がある．それが本当かウソか調べてみたい．街灯の少ない地域では，むしろ新月などで暗い晩のほうが犯罪は起きやすいかもしれない．東京のように，いつも明るいのに犯罪が増えていれば，人間を犯罪に駆り立てる何かが，満月にはあるのかもしれない．

3

偏回帰係数の解釈

■　■　■

3.1　予測変数が多い場合の偏回帰係数の解釈の困難性

　重回帰分析は適用分野を問わず，統計分析の過程で，最も利用される基本的な統計モデルの1つである．しかし重回帰分析は頻繁に誤用される．悲しいことに「誤用ばかりである」といっても過言でないくらいに誤用される．圧倒的に多いのは偏回帰係数の解釈の誤りである．

　重回帰分析では，予測変数 $(x_{i1}, \cdots, x_{ij}, \cdots, x_{ip})$ の重み付き和

$$\hat{y}_i = a + b_1 x_{i1} + \cdots + b_j x_{ij} + \cdots + b_p x_{ip} \tag{3.1}$$

によって予測値 $\hat{y}_i$ を求めた．式中の重み $b_1, \cdots, b_j, \cdots, b_p$ は偏回帰係数といい，基準変数とすべての予測変数を，平均 0，標準偏差 1 に標準化したときの偏回帰係数 $b_1^*, \cdots, b_j^*, \cdots, b_p^*$ を標準偏回帰係数といった．

　重回帰分析における最も多い誤用は，基準変数に対する予測変数の影響力の程度の指標として偏回帰係数を単純に解釈することである．

　上式を単純に眺めると，$(0 < b_j)$ の場合は x_{ij} が増加すれば $\hat{y}_i$ も増加し，$(b_j < 0)$ の場合は x_{ij} が増加すれば $\hat{y}_i$ は減少するように見える．この印象は決定的であるために，y に対する x_j の寄与として，その重みを素朴に解釈して [*1] しまいたくなる．しかし予測変数の間には一般的には相関関係があるので，上述の素朴な印象は必ずしも正しくない．b_j が正の (負の) 値だからといって，第 j 番目の予測変数が必ずしも正の (負の) 影響を基準変数に与えているとは限らない．たとえば「直腸がん」データでは，「直腸がん」と「乳製品」は正の相関だったのに，偏

[*1]　後述する多重共線性 (マルチコ) が生じていなければ偏回帰係数は素朴に解釈してもよいと述べている誤った教科書もある．しかし多重共線性が生じていなくても偏回帰係数は素朴に解釈してはいけない．

回帰係数は負だった．重みが負の「乳製品」の摂取量を単純に増やすと，重みが正の「総熱量」が増えるから，予測値が大きくなる場合もある．同様な理由から b_j が 0 だとしても，その予測変数が基準変数に影響していないとは限らない．

　y と x_j の相関係数と，標準偏回帰係数 b_j^* とを，明確に区別して解釈した文章を載せていない論文や報告書は，残念ながら重回帰分析を誤用していると言わざるをえない．研究のプロが書く査読論文にも誤った解釈は多く，その誤りの頻度は極めて高い．

　偏回帰係数はどのように解釈したらよいのだろうか．予測変数間の相関の影響を遮断して，第 j 番目の予測変数の値だけを 1.0 増加させた予測値

$$\check{y}_i = a + b_1 x_{i1} + \cdots + b_j(x_{ij} + 1) + \cdots + b_p x_{ip} \tag{3.2}$$

と (3.1) 式との差の期待値を計算すると

$$E[\check{y}_i - \hat{y}_i] = b_j \tag{3.3}$$

のように第 j 番目の予測変数の偏回帰係数に一致する．したがって**偏回帰係数**は，「当該の予測変数だけを 1 単位動かし，他のすべての予測変数の値を固定したときの基準変数の変化の期待値である」と解釈できる．標準偏回帰係数に関しても，標準得点に関して同様の解釈が可能である．しかし予測変数間に相関があり，予測変数の数が多い状況では，「他のすべての予測変数の値を固定したとき」という状況が，しばしば実質科学的に意味をもたなくなってしまう．

　予測変数をたくさん投入した重回帰分析は**基準変数の予測には役に立つ**．しかし標準偏回帰係数の単純な解釈ができないのだから，**基準変数の学術的な説明にはほとんど役に立たない**と認識していただきたい．

　ただし予測変数の数が 2 つの場合には「他方の予測変数の値を固定したとき」がしばしば意味をもつ．しかも場合分けして，すべてのパタンを予習しておくことが可能である．本章の学習目標は，予測変数が 2 つの場合の全パタンを学習し，正しく係数を解釈する技能を身につけることである．

3.2　直接効果・間接効果・総合効果

　予測変数が 2 つの場合の標準化データを利用した重回帰モデル

$$z_y = b_1^* z_1 + b_2^* z_2 + e_{z_y} \tag{3.4}$$

に加えて，x_1 によって x_2 を予測する単回帰モデル [*2)]

$$z_2 = b_{12}^* z_1 + e_{z_2} \qquad (3.5)$$

を考える．この状況を模式的に表すと，図 3.1 となる．図 3.1 のように，重回帰式が表す変数同士の関係性を表現した概念図をパス図 (path diagram) という．

(3.5) 式を (3.4) 式に代入して整理すると，

$$z_y = b_1^* z_1 + b_2^* (b_{12}^* z_1 + e_{z_2}) + e_{z_y} = (b_1^* + b_2^* b_{12}^*) z_1 + b_2^* e_{z_2} + e_{z_y} \qquad (3.6)$$

となる．z_1 にかかる係数が，b_1^* と $b_2^* b_{12}^*$ という 2 つの項に分解された．2 つの項はそれぞれ，予測変数 x_1 から基準変数 y への影響力のうち，x_1 から y への直接的な影響の大きさと，もう一方の予測変数 x_2 を経由した x_1 から y への影響の大きさである．x_2 を経由した x_1 から y への間接的な影響を表す $b_2^* b_{12}^*$ は，x_1 から y への間接効果という．このように当該予測変数の変化が，他の予測変数値

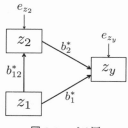

図 3.1　パス図

を変化させたことによって生じた基準変数への効果を**間接効果** (indirect effect) という．x_1 から y への直接的な影響の大きさを示すのは標準偏回帰係数 b_1^* そのものであり，予測変数から基準変数への**直接効果** (direct effect) という．

　間接効果と直接効果の和は，**総合効果** (total effect) と呼ばれる．「乳製品」から「直腸がん」への直接効果は $-0.207(0.127)[-0.456, 0.043]$ であり，間接効果は $0.686(0.138)[0.432, 0.978]$ であり，総合効果は $0.479(0.136)[0.211, 0.748]$ であった．第 1 章で学習したように単回帰モデルの標準回帰係数は $b_{12}^* = r_{x_1 x_2}$ のように相関係数に一致する．

3.3　予測変数が 2 つの場合のパタン分類

　2 つの予測変数を用いて基準変数を予測する重回帰モデルは，予測変数 x_1 と基準変数 y との相関係数 $r_{x_1 y}$，予測変数 x_2 と基準変数 y との相関係数 $r_{x_2 y}$，予測変数 x_1 と予測変数 x_2 との相関係数 $r_{x_1 x_2}$ という 3 つの相関係数で状態が決ま

[*2)]　y, x_1, x_2 の標準化データを，それぞれ z_y, z_1, z_2 と表記する．

る．しかし 3 変数の相関係数は，まったく別々に自由に決めることができる性質の指標ではない．たとえば，$r_{x_1 y} = 0.99$，$r_{x_2 y} = 0.99$，$r_{x_1 x_2} = 0.00$ といった組み合わせは，直感的にも不自然であり，実際にこのような組み合わせの相関行列が存在しえないことが知られている．3 つの相関係数のうちいずれか 1 つの値を固定したとき，残り 2 つの相関係数のとりうる値の範囲を定めることができる．

図 3.2 は，仮に $r_{x_2 y} = 0.7$ として，相関係数が存在できるような $r_{x_1 x_2}$ と $r_{x_1 y}$ の範囲を示した図である．楕円の内側が，$r_{x_1 y}$，$r_{x_2 y}$，$r_{x_1 x_2}$ という 3 つの相関係数から構成される相関行列の存在しうる領域である．一方で，楕円の外側の塗りつぶした領域は，3 変数の相関の組として存在しえない値である．相関行列が存在しうる範囲を示す楕円は，$r_{x_2 y}$ が正で 0.7 より大きければ図 3.2 よりさらに細長くなり，0.7 より小さければ円に近づき，$r_{x_2 y} = 0.0$ のとき真円となる．$r_{x_2 y}$ が負の場合には，相関の組が存在しうる範囲を示す楕円の傾きが右下がりとなる．図 3.3 に，$r_{x_2 y} = -0.7$ として，相関の組が存在しうる範囲を示す．

予測変数が 2 つの場合に限れば，図 3.2，図 3.3 の領域を合理的に分割し，パタン分類することで，予測変数が 2 つの重回帰分析の結果をすべて尽くす (豊田，

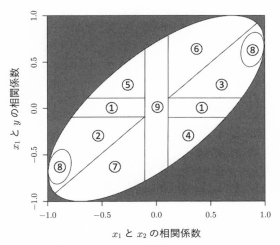

図 **3.2** 9 パタンの領域 ($r_{x_2 y} = 0.7$)

1998；2017)[*3] ことができる．予測変数が2つの重回帰分析の結果として得られる偏回帰係数は，以下のパタンのいずれに当てはまるかを確認することにより，適切な解釈が可能になる．

① 抑制変数が存在する場合．

② x_1 から y への直接効果が正で，相関・間接効果が負の場合．

③ x_1 から y への直接効果が負で，相関・間接効果が正の場合．**直腸がんの例**

④ x_1 から y への間接効果が正で，相関・直接効果が負の場合．

⑤ x_1 から y への間接効果が負で，相関・直接効果が正の場合．

⑥ 正の相加効果がある場合．

　　(r_{x_1y} および x_1 から y への直接効果と間接効果がいずれも正の場合)

⑦ 負の相加効果がある場合．

　　(r_{x_1y} および x_1 から y への直接効果と間接効果がいずれも負の場合)

⑧ 多重共線性が生じている場合．

⑨ 予測変数間の相関が0に近い場合．

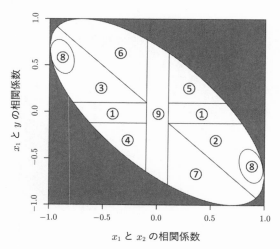

図 **3.3**　9 パタンの領域 ($r_{x_2y} = -0.7$)

[*3]　豊田秀樹 (1998)『共分散構造分析［入門編］』，第 11 章，朝倉書店．

　　久保沙織 (2017)(豊田秀樹 (編著)『もうひとつの重回帰分析』)，第 3 章 予測変数が 2 つの重回帰モデルとその解釈，東京図書．

　　ただし本章で示す合計 9 つの分析例は，すべて図 3.2 の例である．図 3.3 の 9 つのパタンは基準変数に -1 を掛けることによって，すべて図 3.2 のパタンに直すことができる．

3.3.1　① 抑制変数が存在する場合

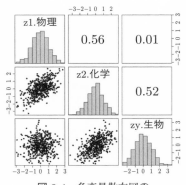

図 **3.4**　多変量散布図①

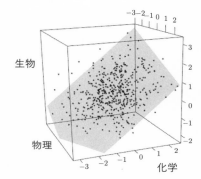

図 **3.5**　3 次元散布図 回帰平面①

「物理」と「生物」の成績の間には相関がない (図 3.4，図 3.5). このとき「生物」の成績を予測することが目的であるならば，直感的には「物理」の成績は予測変数として役に立たないように思える．しかし実際には「化学」の成績だけを利用するよりも予測の精度が高くなる．このように基準

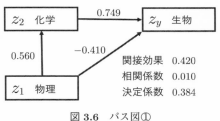

図 **3.6**　パス図①

変数との相関が 0 に近いのに，他の予測変数と相関があるために，全体としての予測に貢献する変数を抑制変数 (suppressor variable)[*4] という (図 3.6)．「化学」の成績が同じであれば「物理」の成績が低いほうが「生物」の成績の予測値が高くなるのは奇妙に感じる．しかし「化学」には数理知識と生体知識の両方が必要とされる．「物理」の成績が低いのに「化学」の成績が同じということは，数理知識の少なさを生体知識の豊富さで補っていると考えられる．このため「生物」の成績が良いと考えれば「物理」の偏回帰係数が負であることが納得できる．

[*4]　抑制変数は，第 2 次世界大戦時，パイロット訓練の「成績」の予測の際に発見された (Horst, P. (1966) "*Psychological Measurement and Prediction*", Wadsworth)．「言語能力」は「成績」とはほとんど相関がなかった．しかし「機械能力」「数理能力」「空間能力」と組み合わせることによって，予測精度は向上した．また医学部における一般教養時代の「物理」「生物」の成績から卒業時の「医師国家試験」の成績を回帰予測すると「物理」には負の重みがかかることは珍しくはない．

3.3.2 ② x_1 から y への直接効果が正で，相関・間接効果が負の場合

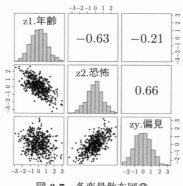

図 3.7 多変量散布図②

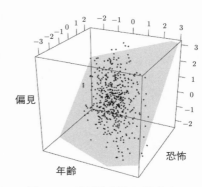

図 3.8 3 次元散布図 回帰平面②

看護師に回答してもらったアンケートで，性交によって感染する病気 A に対する「偏見」と「恐怖」とを測定した (図 3.7，図 3.8)．基準変数は「偏見」であり，「恐怖」と「年齢」を予測変数とした．全体集団では「年齢」が高くなると「偏見」は減少している (相関係数 -0.210)．しかし同じ恐怖

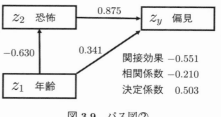

図 3.9 パス図②

心の看護師に関しては「年齢」が高くなると逆に「偏見」は増加する (0.341)．この直接効果に関しては「恐怖」が一定ならば「加齢とともに性交による感染を自己責任と考える傾向が強くなるから」と解釈できるかもしれない．

では「年齢」と「偏見」の相関係数 (-0.210)[*5)] と「年齢」から「偏見」への直接効果 (標準偏回帰係数 0.341) の符号が異なるのはなぜだろう．この現象は，次のように考えると理解できる．「年齢」が高くなると (平均的にその機会が減り) 性感染症に対する「恐怖」は軽減し (-0.630)，「恐怖」が軽減すると「偏見」が減少する負の間接効果 ($-0.551 = -0.630 \times 0.875$) が生じる．負の間接効果が正の直接効果よりも大きいために，相関係数が負になったのである (図 3.9)．

[*5)] 変数の数が多くなると，パス図の描き方によっては z_1 と z_y の相関係数と z_1 から z_y への総合効果は異なる場合が生じる．しかし本章の 9 つの例では相関係数と総合効果は同義である．

3.3.3 ④ x_1 から y への間接効果が正で，相関・直接効果が負の場合

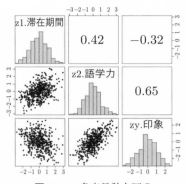

図 3.10 多変量散布図④

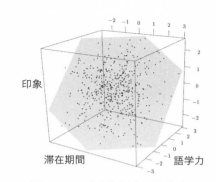

図 3.11 3 次元散布図 回帰平面④

A 国に留学している学生の，A 国に対する「印象」(得点が高いほうが好印象) を測定した (図 3.10，図 3.11)．別に調べた A 国の公用語の「語学力」と「滞在期間」を予測変数として「印象」を分析した．同じ「語学力」の留学生を比較すると，長く滞在するほど A 国の「印象」は悪くなるという強い

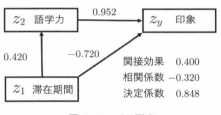

図 3.12 パス図④

傾向が見られる (−0.720)．しかし全体集団で見るとその傾向は低減される (相関係数 = −0.320)．符号は同じ負だけれども，なぜ，直接効果と総合効果 (相関係数) の絶対値は，こんなにも違うのだろうか (図 3.12)．「滞在期間」が一定なら「語学力」が高いほうが「印象」は良い (0.952) という正の関係がある．留学生にとって，公用語によるコミュニケーションの質は，A 国の好印象の形成にとって重要であろう．「滞在期間」が延びると公用語の「語学力」が向上 (0.420)[*6] する．「語学力」が高くなると「印象」が良くなるという間接効果 (0.400 = 0.420 × 0.952) が生じる．このため総合効果 (−0.320 = −0.720 + 0.400) は，直接効果ほどではなくなったのである．

[*6] 「語学力」を伸ばせた人だけが帰国せず「滞在期間」を伸ばせたのかもしれない．また「印象」を決定的に悪くした留学生は帰国しているだろうから，帰国した留学生まで追跡調査しないと実態は不明かもしれない．

3.3.4　⑤ x_1 から y への間接効果が負で，相関・直接効果が正の場合

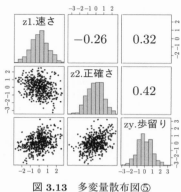

図 3.13　多変量散布図⑤

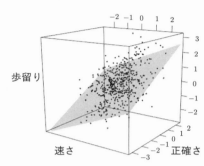

図 3.14　3 次元散布図 回帰平面⑤

　ある調理師学校での寿司競技会では，時間内に何個の握り寿司を作れるか競う (図 3.13)．ただし時間終了後，計量して重すぎる (軽すぎる) 握りは除外される．残った握り寿司の数を「歩留り」数といい，それを競技の成績とする．

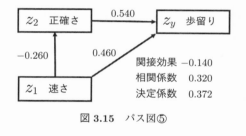

図 3.15　パス図⑤

　参加する生徒の握りの「速さ」とシャリの重さを知覚する「正確さ」をあらかじめ調べておき，これらを予測変数として競技会の「歩留り」数を分析した．

　同じ「正確さ」であれば「速さ」が速いほど「歩留り」数は増加する (0.460)．また同じ「速さ」であれば「正確さ」が高ければ「歩留り」数は増加する (0.540)．当然であろう．しかしここで問題なのは「速さ」が「正確さ」を損なう原因ともなっている (−0.260) ことである．どんどん握っても，最後に除外されては意味がない．これが間接効果 (−0.140 = −0.260 × 0.540) であり，「正確さ」は間接的には「歩留り」数を減少させる効果がある (図 3.14, 図 3.15)．もちろん，ゆっくり慎重に握ってはたくさん作れない．しかし「速さ」は，直接効果のほうが間接効果より大きい．総合的に見れば「速さ」は「歩留り」数を増やす (相関係数 0.320) ことが分かる．

3.3.5 ⑥ 正の相加効果がある場合

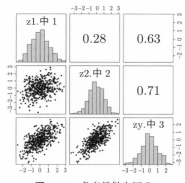

図 3.16 多変量散布図⑥

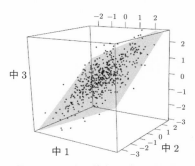

図 3.17 3 次元散布図 回帰平面⑥

パタン⑥は,r_{x_1y} および x_1 から y への直接効果と間接効果がいずれも正の場合である (図 3.16, 図 3.17).

中学校の 1 学期の英語の成績を 3 年間調べた.「中 1」のときの成績が高いほど「中 2」の成績が高い (0.280).

「中 2」の成績が高いならば,「中 1」の成績が同じでも,「中 3」の成績は

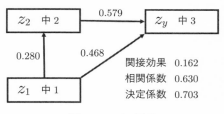

図 3.18 パス図⑥

高くなる (0.579). 中 2 から中 3 にかけてのスタート時点の学力差が影響するからである.「中 1」の成績は「中 2」の成績の基礎になることによって「中 3」の成績に影響する. これが間接効果 0.162 (= 0.280 × 0.579) である (図 3.18).

さらに, そもそも英語の学習を始めた「中 1」の成績が良かったのは, 素質や環境が良かったという面もあったかもしれない. このため「中 2」の成績が同じでも,「中 1」のときの成績が高いほど「中 3」の成績が高くなる. これが「中 1」から「中 3」への直接効果 0.468 である.

「中 1」と「中 3」の相関係数は, 0.630 = 0.468 + 0.162 という, 直接効果と間接効果の相加によって構成されている.

3.3.6　⑦　負の相加効果がある場合

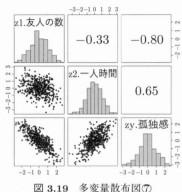

図 3.19　多変量散布図⑦

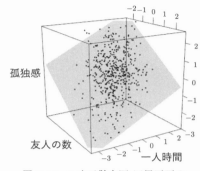

図 3.20　3 次元散布図 回帰平面⑦

パタン⑦は，r_{x_1y} および x_1 から y への直接効果と間接効果がいずれも負の場合である（図 3.19，図 3.20）.

「友人の数」は，付き合いの質を考慮するために，付き合いの深さに応じて重み付けして加算した値である.「一人時間」は生活の記録から，1 週間に回答者が一人でいる時間を調べた.「孤独感」は心理尺度で測定した.

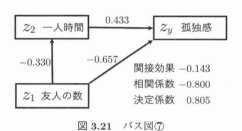

図 3.21　パス図⑦

「友人の数」が少ないと「一人時間」が増加（−0.330）する.「友人の数」が同じ場合は「一人時間」が増加すると「孤独感」が高まる（0.433）. したがって「一人時間」を経由した「友人の数」から「孤独感」への間接効果は負（−0.143）である. また「一人時間」が同程度の人に関しても「友人の数」が少ないと「孤独感」が高まり，直接効果も負（−0.657）である. ゆえに集団全体でも「友人の数」が少ないと「孤独感」が高まる（−0.800 = −0.657 − 0.143）.「友人の数」は，生活に必要な情報の交換，励ましの言葉など，一緒に行動すること以外にも「孤独感」を低減する意味があるとすると，ここでより重要なのは直接効果の存在なのかもしれない（図 3.21）.

3.3.7 ⑧ 多重共線性が生じている場合

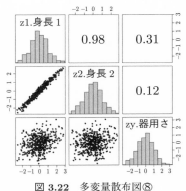

図 3.22 多変量散布図⑧

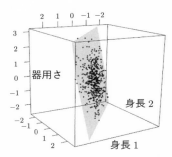

図 3.23 3 次元散布図 回帰平面⑧

「身長 1」と「身長 2」は,間を置かずに続けて 2 回身長を測定した結果である (図 3.22, 図 3.23). 両者の相関は極めて高い. 基準変数である「器用さ」との相関はどちらも高くはない. 要するに予測変数には基準変数を予測できる情報がほとんどない. にもかかわらず重相関は非常に高い.

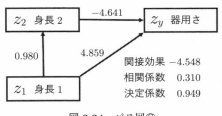

図 3.24 パス図⑧

パタン⑧は**多重共線性** (multicollinearity) が生じている場合であり,分析結果として好ましくない状態の表れである (図 3.24). 見かけ上の予測精度は高いけれども,分析に利用しなかった人の身長から精度よく「器用さ」を予測することはできないことが多い.

(1) 予測変数間の相関が非常に高い,

(2) 予測変数と基準変数の相関はいずれも高くない,

(3) 常識では考えられないほど決定係数 (重相関係数) が高い,

(4) 標準偏回帰係数の絶対値が大きい,

という状態が見られたら多重共線性が生じていると判断し,分析結果を解釈することはあきらめる.

3.3.8 ⑨ 予測変数間の相関が 0 に近い場合

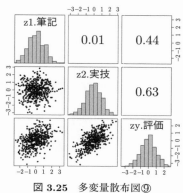

図 3.25 多変量散布図⑨

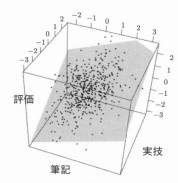

図 3.26 3 次元散布図 回帰平面⑨

　ある資格の取得のためには, 知識と実技の両方が必要である. まず「筆記」試験を行い, 次に「実技」試験を行い, 最終的な「評価」の試験を受ける (図3.25, 図 3.26).

　予測変数の間の相関が 0 に近い場合には, 2 つの予測変数の影響を別々に考察することができ, 解釈が簡潔に行われる. なぜなら近似的に

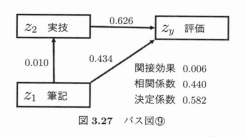

図 3.27 パス図⑨

$$決定係数 \simeq \hat{\alpha}_{31}^2 + \hat{\alpha}_{32}^2$$
$$0.585 \simeq 0.434^2 + 0.626^2 = 0.188 + 0.392$$

が成り立つためである ($\simeq$ は近似を意味する). $r_{21} = 0$ ならば, この関係は厳密に成り立つ. この場合は「筆記」と「実技」は実質的に無相関なので,「筆記」は約 19%,「実技」は約 39%, 基準変数「評価」を説明している (図 3.27). また約42%($= 100 - 19 - 39$) が未知の要因によっている. さらに予測変数の標準偏回帰係数と, 基準変数との相関係数が一致するから係数の解釈も容易であり, 偏回帰係数を直感的に解釈できる. このようにパタン⑨は予測変数の影響力の評価を容易に行うことができる.

3.4 正 誤 問 題

以下の説明で，正しい場合は○，誤っている場合は × と回答しなさい.
1) 基準変数に対する予測変数の影響力の程度の指標として偏回帰係数を単純に解釈してはいけない.
2) 多重共線性が生じていなくても偏回帰係数は素朴に解釈してはいけない.
3) 予測変数をたくさん投入した重回帰分析は基準変数の予測には役に立つ場合がある.
4) 予測変数の数が 2 つの場合には，解釈に必要なパタン分けが可能であり，偏回帰係数の解釈が可能なことも少なくない.

正解はすべて○

3.5 確 認 問 題

以下の説明に相当する用語を答えなさい.
1) 当該の予測変数だけを 1 単位動かし，他のすべての予測変数の値を固定したときの基準変数の変化の期待値.
2) 重回帰式が表す変数同士の関係性を表現した概念図.
3) 標準偏回帰係数の別名である効果. 当該予測変数の変化が，他の予測変数値を変化させて生じた基準変数への効果. それら 2 つの効果の和.
4) 基準変数との相関が 0 に近いのに，他の予測変数と相関があるために，全体としての予測に貢献する変数.
5) 予測変数間の相関が高すぎることによって生じる重回帰式の不具合.

3.6 実 習 課 題

予測変数が 2 つの重回帰分析を 3 つ取り上げ，以下を報告せよ. 合計 3 つ取り上げていれば，1 つの論文からでも，複数の論文からでもよい.
1) 書誌 (著者，題目，年号，論文名，巻号，雑誌名など).
2) 基準変数・予測変数の説明と重回帰分析をする意味を説明せよ.
3) 単回帰・重回帰分析を行い，図 3.6 に相当する数値を書き込んだパス図を示せ.
4) そのパス図が解釈例の①〜⑨のどれに相当するか判定せよ.

4 ロジスティック回帰／メタ分析

■　■　■

ロジスティック変換を利用した回帰分析を紹介する．ベルヌイ分布・2 項分布 [*1)]
を利用し，章末では複数の研究結果を統合するためのメタ分析に言及する．

4.1　ロジスティック回帰 (ベルヌイ分布)

表 4.1 には，大学 A の卒業生の「年齢」と調査時点で管理職に就いているか否
かを示した．調査対象は 200 名であるが，全員ではなく 50 人分を示している．変
数「管理職」は 1 であれば課長などの管理職に就いていることを示し，0 であれ
ば就いていないことを示している．このデータを「昇進データ」と呼ぶ．

表 4.2 には，「昇進データ」全データ (200 名分) に関して，年齢別の管理職者の
人数を示した．33 歳では 7 名中 1 名しか昇進していないけれども，43 歳では全
員昇進している．

表 4.1　管理職か否かと年齢

管理職	年齢	管理職	年齢	管理職	年齢	管理職	年齢	管理職	年齢
1	42	1	43	1	39	1	40	0	36
0	35	1	41	0	35	1	43	1	43
0	35	0	39	1	40	1	42	1	41
0	39	0	34	0	36	0	38	0	40
0	35	0	39	0	40	0	34	1	41
0	34	0	38	0	40	1	38	1	40
0	38	1	39	0	36	1	42	0	34
0	36	0	38	1	43	0	37	0	34
0	37	1	40	1	37	1	40	0	39
0	36	1	36	1	35	1	38	0	38

[*1)]　重回帰モデルの誤差項に正規分布以外の確率分布を仮定した統計モデルを**一般化線形モデル** (generalized linear model) という．また重回帰式の予測変数部分に，ダミー変数などを用いて実験計画を表現する統計モデルを**一般線形モデル** (general linear model) という．

表 4.2　年齢別の管理職者の人数

年齢	33	34	35	36	37	38	39	40	41	42	43
0	6	20	20	12	9	12	9	5	3	3	0
1	1	4	4	3	9	9	11	18	11	13	18

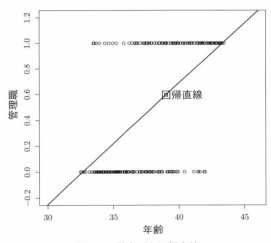

図 4.1　散布図と回帰直線

　図 4.1 には,「年齢」と「管理職」の散布図を示した. 縦軸の目盛が 0.0 のライン上では左から右に打点が薄くなり, 縦軸の目盛が 1.0 のライン上では左から右に打点が濃くなっている.

　この視覚的特徴は「年齢」が高くなると「管理職」に就く確率が高くなることを示唆している. 単回帰分析を行うと, 回帰直線は $\hat{y} = -3.06 + 0.09 \times x$ となった. 図中には回帰直線も示されている.

　しかし 0 と 1 しか値をとらない基準変数に対して, 直線による傾向線を当てはめるのは, 必ずしも適当でない. $\hat{y}$ が 1 を超えたり, 0 を下回ったりした場合には解釈が困難になってしまう. できれば昇進確率が予測値として得られることが望ましいだろう.

　ここでは 2 つの工夫をすることによって, この問題を解決する. 1 つは前章までに利用した正規分布ではなく, ベルヌイ分布と呼ばれる確率分布を利用することである. もう 1 つは回帰直線を変数変換することである. まずはベルヌイ分布について学習する.

4.1.1　ベルヌイ分布

「直腸がんデータ」は国が測定対象だから，「人口 10 万人当たりの死亡者数」という連続した変数を分析できた．しかし「昇進データ」の測定対象は，卒業生個人であるから，昇進したか否かの状態を観察することになる．この場合は，基準変数は連続的変数とはならず，

$$u = \begin{cases} 1 & \text{昇進した場合} \\ 0 & \text{それ以外の場合} \end{cases} \tag{4.1}$$

という 2 値変数となる．(昇進の) 母比率 p のもとでの結果が 2 値の確率試行をベルヌイ試行 (Bernoulli trial) という．

ベルヌイ試行の 1 回の結果は

$$f(u|p) = p^u (1-p)^{1-u}, \quad u = 0, 1 \tag{4.2}$$

という確率分布で表現される．これをベルヌイ分布 (Bernoulli distribution) という．確率変数 u がベルヌイ分布に従うことを

$$u \sim \text{Bernoulli}(p), \quad \text{または} \quad \text{Bernoulli}(u|p) \tag{4.3}$$

と表記する．

4.1.2　ロジスティック変換

区間 $[0, 1]$ で定義されている確率はオッズ (odds) 変換

$$\text{odds}(p) = \frac{p}{1-p} \tag{4.4}$$

によって区間 $[0, +\infty]$ の実数値に変換される．さらに対数変換

$$\text{logit}(p) = \log(\text{odds}(p)) = \log\left(\frac{p}{1-p}\right) = \hat{y} \tag{4.5}$$

することによって実数値全体である区間 $[-\infty, +\infty]$ に変換される．これをロジット変換 (logit transformation) という．ここで $\hat{y}$ は

$$\hat{y}_i = a + b_1 x_{i1} + \cdots + b_j x_{ij} + \cdots + b_p x_{ip} \tag{4.6}$$

での回帰式である．

この性質を逆に利用して，実数値全体を範囲とする $\hat{y}$ をロジスティック変換 (logistic transformation，あるいは逆ロジット変換，inverse logit transformation)

$$p = \text{logistic}(\hat{y}) = \text{logit}^{-1}(\hat{y}) = \frac{1}{1 + \exp(-\hat{y})} \tag{4.7}$$

によって区間 $[0, 1]$ の p に変換する [*2)]．ロジスティック変換 $\text{logistic}^{-1}(\ )$ の定

[*2)]　(4.7) 式が (4.5) 式の逆関数になっていることを確認されたい．

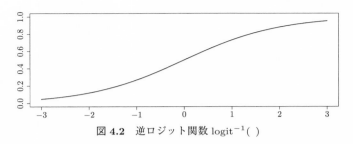

図 4.2 逆ロジット関数 $\mathrm{logit}^{-1}(\ )$

義域は区間 $[-\infty, +\infty]$ である. 図 4.2 に示されているように, ロジスティック変換の値域は区間 $[0,1]$ である.

4.1.3 事後分布と生成量

昇進か未昇進かの u_i がベルヌイ分布 (4.2) 式に従っているものとし, 母比率 p_i がロジスティック変換した回帰式で表現されるとすると, その分布は

$$f(u_i|\boldsymbol{\theta}) = \mathrm{Bernoulli}(u_i|p_i) = \mathrm{Bernoulli}(u_i|\mathrm{logistic}(\hat{y}_i))$$
$$= \mathrm{Bernoulli}(u_i|\mathrm{logistic}(a + bx_i)) \tag{4.8}$$

である. 尤度は $\boldsymbol{u} = (u_1, \cdots, u_n)$ として

$$f(\boldsymbol{u}|\boldsymbol{\theta}) = f(u_1|\boldsymbol{\theta}) \times \cdots \times f(u_n|\boldsymbol{\theta}), \quad \boldsymbol{\theta} = (a,b)$$

となる. 同時事前分布を, 適当な一様分布の積として

$$f(\boldsymbol{\theta}) = f(a) \times f(b)$$
$$f(\boldsymbol{\theta}|\boldsymbol{u}) \propto f(\boldsymbol{u}|\boldsymbol{\theta})f(\boldsymbol{\theta}) \tag{4.9}$$

のように事後分布を導く.

2 値の基準変数に対するこのような回帰分析をロジスティック回帰分析 (logistic regression analysis) という. 図 4.3 にロジスティック回帰による曲線を描いた. 直線の場合には予測変数が大きくなると予測値が 1 を上回るが, ロジスティック回帰によって, その欠点が改善されている. 年齢が増しても必ず昇進できるわけではないことが示されている.

表 4.3 に事後分布の様子を示した. 上段が母数 a,b の事後分布の要約である. 下段には有用と思われる 3 つの生成量の事後分布の要約を示した.

1 つ目の生成量は, 事象が 50% で生じる予測変数の値である. ここでの例では, 昇進する確率が五分五分の年齢である. 予測変数が 1 つの場合の (4.7) 式は

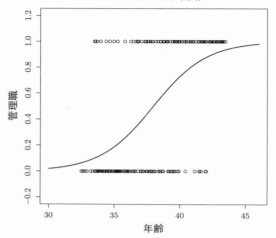

図 **4.3** 年齢の上昇に伴う昇進確率の変化

表 **4.3** 母数と生成量の事後分布の要約

	EAP	post.sd	0.025	MED	0.975
a	-18.679	2.663	-24.042	-18.603	-13.707
b	0.492	0.070	0.362	0.490	0.633
$x_{p=0.5}$	37.971	0.358	37.272	37.971	38.681
オッズ比	1.639	0.115	1.436	1.632	1.883
$p_{x=35}$	0.192	0.041	0.118	0.189	0.280

$$p = \frac{1}{1 + \exp(-(a + bx))} \tag{4.10}$$

である．$x = -a/b$ を代入すると，指数部分が $\exp(0) = 1$ となり，$p = 0.5$ となる．したがって生成量 $-a/b$ の事後分布を求めることにより，当該事象が 50％で生じる値 $x_{p=0.5}$ に関して推測できる．「昇進データ」に関して事象が 50％で生じる予測変数の値を計算すると $37.971(0.358)[37.272, 38.681]$ となった．昇進の確率は約 38 歳で五分五分である．

2つ目の生成量は，予測変数が 1 単位変化する前後でのオッズ比である．(4.5) 式よりオッズは

$$\frac{p}{1-p} = \exp(a + bx) \tag{4.11}$$

である．また $x + 1$ におけるオッズを仮に

$$\frac{p^+}{1 - p^+} = \exp(a + b(x + 1)) \tag{4.12}$$

と表記しよう. (4.12) 式を (4.11) 式で割ったオッズ比は

$$\text{オッズ比} = \frac{\exp(a + b(x + 1))}{\exp(a + bx)} = \exp(b) \tag{4.13}$$

となる. したがって生成量 $\exp(b)$ を計算することにより, 予測変数が 1 単位変化する前後でのオッズ比の事後分布が求まる. オッズ比は 1.639(0.115)[1.436, 1.883] となったので, 1 年後の昇進に関するオッズ比は約 1.6 である.

3 つ目の生成量は, 特定の年齢で昇進している確率の事後分布である. たとえば 35 歳までに昇進している確率は, 生成量

$$p_{x=35}^{(t)} = \frac{1}{1 + \exp(-(a^{(t)} + b^{(t)} \times 35))} \tag{4.14}$$

によって近似できる. $p_{x=35}$ は 0.192(0.041)[0.118, 0.280] であったので, 確率は約 19% である.

4.2　ロジスティック回帰 (2 項分布)

失語症の会話促進に関して新しい訓練法を開発した. 30 秒の動画を見て, 対話者にその内容を伝え, 動画の要点を表現する基本語がいくつ入っているかをカウントする. たとえば, 公園でリンゴを渡す場面では「リンゴ」「わたす」「ベンチ」「芝生」などが基本語になる.

「基本語数」n に対して, いくつ表現できたか「表現数」x をカウントする. 「基本語数」は課題や患者の疲労度によって異なる. 1 週間に 3 回の訓練をする. またその訓練が通算何回目かを「訓練回数」という変数に記録する. 30 回の訓練状況を表 4.4 に示す.

また, 横軸に「訓練回数」を配し, 縦軸に「正答率」=「表現数」/「基本語数」

表 4.4　失語症の会話促進データ

訓練回数	1	2	3	4	5	6	7	8	9	10	11	12	13	14	15
基本語数	10	15	7	12	13	10	15	7	12	13	10	15	7	12	13
表現数	1	1	2	3	2	2	7	0	4	2	4	4	5	5	7

訓練回数	16	17	18	19	20	21	22	23	24	25	26	27	28	29	30
基本語数	10	15	7	12	13	10	15	7	12	13	10	15	7	12	13
表現数	3	11	1	5	6	7	9	4	8	10	7	9	4	8	11

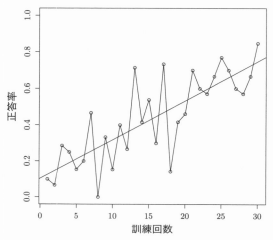

図 4.4 訓練回数と正答率の折れ線グラフ

を配し，散布図を描いた折れ線グラフを図 4.4 に示す．「訓練回数」が多くなると，それに伴って「正答率」が上昇している様子が示されている．基準変数を「正答率」とし，予測変数を「訓練回数」として回帰直線を描いた．

直線はデータに絡み，一見，当てはめに成功しているようにも見える．しかし
- 「正答率」は 0 と 1 が下限と上限なので，観察される比率は，母比率が小さいときには正に歪み，大きいときには負に歪むだろう．対称な正規分布では望ましくない．
- 「基本語数」が多い場合には観察される比率の散らばりは小さくなるし，「基本語数」が少ない場合には観察される比率の散らばりは大きくなるから，等分散 σ_e の誤差は適当でない．
- $\hat{y}$ が 1 を超えた場合に解釈できない．

などの点で必ずしも望ましくない．この問題を解決するために，2 項分布とロジスティック変換を利用した回帰分析を導入する．

4.2.1 2 項 分 布

確率 p で成功する n 回のベルヌイ試行の成功数が u になる確率は **2 項分布** (binomial distribution)

$$f(u|p,n) = \frac{n!}{u! \times (n-u)!} \; p^u(1-p)^{n-u}, \quad u = 0, 1, \cdots, n \tag{4.15}$$

に従う．確率変数 y が 2 項分布に従うとき

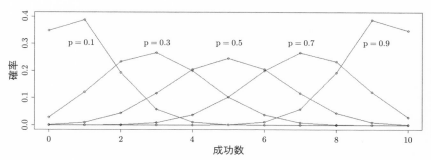

図 4.5 2 項分布の確率関数

$$u \sim \text{binomial}(p, n), \quad \text{または} \quad \text{binomial}(u|p, n) \tag{4.16}$$

と表記する. 図 4.5 に, 試行数を 10 として, $p = 0.1, 0.3, 0.5, 0.7, 0.9$ とした場合の 2 項分布の確率関数を 5 本示した.

4.2.2 事後分布と生成量

「表現数」u_i が母比率 p_i と「基本語数」n_i の 2 項分布 (4.15) 式に従っているものとし, 母比率 p_i がロジスティック変換した回帰式で表現されるとすると, その分布は「訓練回数」x_i を利用して

$$f(u_i|\boldsymbol{\theta}) = \text{binomial}(u_i|p_i, n_i) = \text{binomial}(u_i|\text{logistic}(\hat{y}_i), n_i)$$
$$= \text{binomial}(u_i|\text{logistic}(a + bx_i), n_i) \tag{4.17}$$

である. 尤度は $\boldsymbol{u} = (u_1, \cdots, u_n)$ として

$$f(\boldsymbol{u}|\boldsymbol{\theta}) = f(u_1|\boldsymbol{\theta}) \times \cdots \times f(u_n|\boldsymbol{\theta}), \quad \boldsymbol{\theta} = (a, b)$$

となる. 同時事前分布を, 適当な一様分布の積として

$$f(\boldsymbol{\theta}) = f(a) \times f(b)$$
$$f(\boldsymbol{\theta}|\boldsymbol{u}) \propto f(\boldsymbol{u}|\boldsymbol{\theta})f(\boldsymbol{\theta}) \tag{4.18}$$

のように事後分布を導く.

図 4.6 にロジスティック回帰による曲線を描いた. 直線の場合には予測変数が大きくなると予測値が 1 を上回るが, ロジスティック回帰によって, その欠点が改善されている. 訓練回数が多くなっても正答できない可能性が残ることが示された.

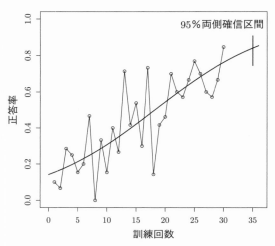

図 **4.6**　ロジスティック回帰分析 (2 項分布)

表 **4.5**　母数と生成量の事後分布の要約

	EAP	post.sd	0.025	MED	0.975
a	−1.803	0.274	−2.360	−1.798	−1.287
b	0.099	0.015	0.070	0.099	0.129
$x_{p=0.5}$	18.3	1.3	15.9	18.2	20.9
オッズ比	1.10	0.02	1.07	1.10	1.14
p_{35}	0.836	0.040	0.747	0.840	0.905
$u^*_{n=15}$	12.5	1.5	9	13	15

　表 4.5 に事後分布の様子を示した.「基本語」の半分を表現できるようになる回数の生成量 $x_{p=0.5} = -a/b$ は 18.3(1.3)[15.9, 20.9] であった. 点推定値は 18 回目であり, 95%確信区間は 16 回から 21 回の間である.

　訓練を 1 回増やした場合のオッズ比の生成量 $\exp(b)$((4.13) 式) は 1.10(0.02)[1.07, 1.14] であり, 1.1 倍である.

　訓練は 30 回まで行われているが, あと 5 回訓練した場合に表現できる確率は, (4.14) 式の x に 35 を代入した生成量で求まる. p_{35} は 0.836(0.040)[0.747, 0.905] と予測され, 約 84% である. p_{35} の 95% 両側確信区間を図 4.6 に示した.

　35 回目の訓練の「基本語数」が n 個だとすると,「表現数」u^*_n の事後予測分布は生成量

$$u^{*(t)}_n \sim \mathrm{binomial}(p^{(t)}_{35}, n) \tag{4.19}$$

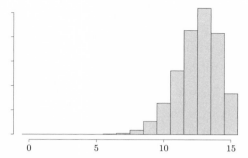

図 4.7 $x = 35$, $n = 15$ のときの「表現数」の事後予測分布

で近似できる.

たとえば 35 回目の訓練の「基本語数」が 15 個であると $u^*_{n=15}$ は 12.5(1.5)[9, 15] と推定される. 少なく見積もっても 9 個は表現できることが期待できる. $u^{*(t)}_{n=15}$ のヒストグラムを図 4.7 に示す. 事後予測分布の近似なので必ずしも 2 項分布ではない.

4.3 メ タ 分 析

1 つの研究テーマに関して, 過去に行われた独立した複数の研究を収集し, 分析結果を統合し, より確実で有用な知見を導く統計的手法をメタ分析 (meta analysis) という. メタ分析では, 標準化された平均値差・相関係数・リスク差・リスク比などさまざまな統計量を統合するが, 本節ではオッズ比の統合を紹介する.

4.3.1 前向き研究

表 4.6 は, 結核に対する BCG (Bacillus Calmette–Guerin) ワクチンの有効性に関する Aronson (1948)[*3] の研究で示されたデータである. 表 4.7 では度数の説明をしており, 各セルの内容は以下のとおりである.

u_{11}：BCG 接種群 (実験群) でその後に結核罹患者になった人数

u_{12}：BCG 接種群 (実験群) で調査時点まで未罹患である人数

u_{21}：BCG 未接種群 (対照群) でその後に結核罹患者になった人数

u_{22}：BCG 未接種群 (対照群) で調査時点まで未罹患である人数

[*3]　Aronson, J. D. (1948) Protective vaccination against tuberculosis with special reference to BCG vaccination. *American Review of Tuberculosis*, **58**, 255–281.

表 4.6 Aronson (1948) のデータ

	罹患	未罹患	計
実験群	4	119	123
対照群	11	128	139

表 4.7 前向き研究

	罹患	未罹患	合計
実験群	u_{11}	u_{12}	$u_{11} + u_{12}$
対照群	u_{21}	u_{22}	$u_{21} + u_{22}$

表 4.6 のように，研究を立案・開始してから新たに生じる事象について調査する研究を**前向き研究** (prospective study) という．疫学調査法の一つであり，介入した人と介入しない人に着目し，将来に向かって問題とする疾病の発生を観察して，両者の発生率を比較する．前向き研究は，**コホート研究** (cohort study) あるいは**追跡研究** (follow–up study) とも呼ばれる．

罹患のリスクを標本比率で評価すると，実験群と対照群でそれぞれ

$$p_{実験群} = u_{11}/(u_{11} + u_{12}) = 0.0325, \tag{4.20}$$

$$p_{対照群} = u_{21}/(u_{21} + u_{22}) = 0.0791 \tag{4.21}$$

であり，リスク比 (比率の比) は 0.411 である．罹患のオッズ比は

$$\frac{p_{実験群}/(1 - p_{実験群})}{p_{対照群}/(1 - p_{対照群})} = \frac{(u_{11}/(u_{11} + u_{12}))/(u_{12}/(u_{11} + u_{12}))}{(u_{21}/(u_{21} + u_{22}))/(u_{22}/(u_{21} + u_{22}))}$$

$$= u_{11}u_{22}/u_{12}u_{21} \tag{4.22}$$

であり，0.391 となる．有病率の低い研究テーマでは $(1 - p_{実験群})$ や $(1 - p_{対照群})$ が 1 に近づくから，オッズ比はリスク比に近似する．

4.3.2 後ろ向き研究

表 4.8 は，同じく結核に対する BCG の有効性に関する研究であり，Houston *et al.* (1990)[*4)] で示されたデータである．表 4.9 では度数の説明をしており，各セルの内容は以下のとおりである (u_{12} と u_{21} の順番を入れ替えていることに注意).

u_{11}：結核罹患者群 (症例群) で BCG を接種していた人数

u_{21}：結核罹患者群 (症例群) で BCG を接種していなかった人数

u_{12}：未罹患者群 (対照群 *)[*5)] で BCG を接種していた人数

u_{22}：未罹患者群 (対照群 *) で BCG を接種していなかった人数

表 4.8 のように，過去の事象について調査する研究を**後ろ向き研究** (retrospective study) という．疾病にすでに罹患している群 (症例群) としていない群 (対

[*4)] Houston, S. *et al.* (1990) The effectiveness of bacillus Calmette–Guerin (BCG) vaccination against tuberculosis. *American Journal of Epidemiology*, **131**, 340–349.

[*5)] 前向き研究の対照群と区別するためにアステリスクをつける．

表 4.8 Houston *et al.* (1990) のデータ

	症例群	対照群 *
接種	65	148
未接種	78	103
合計	143	251

表 4.9 後ろ向き研究

	症例群	対照群 *
接種	u_{11}	u_{12}
未接種	u_{21}	u_{22}
合計	$u_{11} + u_{21}$	$u_{12} + u_{22}$

照群) について介入 (または暴露) を過去にさかのぼって調べ，比較する方法である．後ろ向き研究は，**症例対照研究** (case–control study) とも呼ばれる．

　後ろ向き研究では，罹患のリスクやリスク比を計算しても意味がない．なぜならば，症例群の人数と対照群の人数は，実験者が決めているからである．ここが前向き研究との 1 番の相違点である．後ろ向き研究で計算して意味がある比率は，症例群と対照群 * における介入率 (BCG 接種率)

$$p_{症例群} = u_{11}/(u_{11} + u_{21}) = 0.4545, \tag{4.23}$$

$$p_{対照群*} = u_{12}/(u_{12} + u_{22}) = 0.5896 \tag{4.24}$$

である．ここで介入率のオッズ比を求めてみると

$$\frac{p_{症例群}/(1 - p_{症例群})}{p_{対照群*}/(1 - p_{対照群*})} = \frac{(u_{11}/(u_{11} + u_{21}))/(u_{21}/(u_{11} + u_{21}))}{(u_{12}/(u_{12} + u_{22}))/(u_{22}/(u_{12} + u_{22}))}$$

$$= u_{11}u_{22}/u_{12}u_{21} \tag{4.25}$$

となり，(4.22) 式に一致する．したがって後ろ向き研究の介入率のオッズ比は，罹患のオッズ比として解釈することができる．オッズ比は 0.580 であった．

4.3.3 長所と短所・確率モデルの相違

　前向き研究の長所は，介入 (暴露) と疾病の因果関係に関して信頼性の高い情報を得られること，リスクやリスク比を直接的に計算できることである．短所は，追跡に時間がかかること，有病率の低い研究テーマの場合は症例が少なくなることである．前向き研究の確率変数は罹患者数 (実験群の u_{11} と対照群の u_{21}) であり，2 つの 2 項分布の積

$$f(u_{11}, u_{21}|p_{実験群}, p_{対照群}) = \text{binomial}(u_{11}|p_{実験群}, (u_{11} + u_{12}))$$

$$\times \text{binomial}(u_{21}|p_{対照群}, (u_{21} + u_{22})) \tag{4.26}$$

が尤度となる．

　後ろ向き研究の長所は，介入 (暴露) と疾病の時間的順序を保ち [*6)] ながら，追

[*6)]　記憶違いなどの思い出しバイアスの影響は受ける可能性がある．

跡に時間をかけずに両者の関係を調べられること，有病率の低い研究テーマの場合でも症例を確保しやすいことである．短所は，リスク比を計算できないことである．オッズ比は，有病率の低い研究テーマの場合にリスク比に近似するので，後ろ向き研究ではオッズ比を用いる．後ろ向き研究の確率変数は BCG 接種者数 (症例群の u_{11} と対照群 * の u_{12}) であり，2 つの 2 項分布の積

$$f(u_{11}, u_{12} | p_{症例群}, p_{対照群*}) = \mathrm{binomial}(u_{11} | p_{症例群}, (u_{11} + u_{21}))$$
$$\times \mathrm{binomial}(u_{12} | p_{対照群*}, (u_{12} + u_{22})) \qquad (4.27)$$

が尤度となる．

4.3.4 前向き研究のメタ分析

表 4.10 は，結核予防のための BCG ワクチンの有効性を調べた 13 の前向き研究の結果である．Colditz *et al.* (1994)[7] の table 1 を編集した．1 つ目の研究は表 4.6 の Aronson (1948) である．

ここで i 番目の研究 ($i = 1, \cdots, 13$) に関して，実験群なら $x_i = 1$ であり，対照群なら $x_i = 0$ であるような，予測変数を考える．このとき i 番目の研究の罹患の確率は (4.10) 式にならって

表 4.10　BCG の有効性に関する前向き研究のレビュー

研究	年	u_{11}	u_{12}	u_{21}	u_{22}	Odds/EAP
1 Aronson	1948	4	119	11	128	0.472
2 Ferguson & Simes	1949	6	300	29	274	0.271
3 Rosenthal *et al.*	1960	3	228	11	209	0.378
4 Hart & Sutherland	1977	62	13536	248	12619	0.243
5 Frimodt–Moller *et al.*	1973	33	5036	47	5761	0.762
6 Stein & Aronson	1953	180	1361	372	1079	0.388
7 Vandiviere *et al.*	1973	8	2537	10	619	0.290
8 Madras	1980	505	87886	499	87892	1.005
9 Coetzee & Berjak	1968	29	7470	45	7232	0.608
10 Rosenthal *et al.*	1961	17	1699	65	1600	0.280
11 Comstock *et al.*	1974	186	50448	141	27197	0.704
12 Comstock & Webster	1969	5	2493	3	2338	0.836
13 Comstock *et al.*	1976	27	16886	29	17825	0.877

---

[7]　Colditz, G. A. *et al.* (1994) Efficacy of BCG vaccine in the prevention of tuberculosis: Meta–analysis of the published literature. *Journal of the American Medical Association*, **271**(9), 698–702.
　　R のライブラリ metafor に含まれるデータフレーム dat.bcg より引用．

$$p_{i\,実験群} = \frac{1}{1 + \exp(-(a_i + b_i x_i))} = \frac{1}{1 + \exp(-(a_i + b_i))} \tag{4.28}$$

$$p_{i\,対照群} = \frac{1}{1 + \exp(-(a_i + b_i x_i))} = \frac{1}{1 + \exp(-(a_i))} \tag{4.29}$$

となる．実験群と対照群の予測変数の差は 1 なのだから (4.13) 式の関係がそのまま使え，生成量 $\exp(b_i)$ は研究 i のオッズ比 [*8)] である．事前分布として

$$a_i \sim \text{normal}(\mu_a, \sigma_a) \tag{4.30}$$

$$b_i \sim \text{normal}(\mu_b, \sigma_b) \tag{4.31}$$

を仮定する．生成量 $\exp(\mu_b)$ がオッズ比の平均である．

(4.28) 式と (4.29) 式を，添え字 i をつけた (4.26) 式に代入すると事後分布 [*9)] が以下のように導かれる．

$$f(\boldsymbol{a}, \boldsymbol{b}, \mu_a, \mu_b, \sigma_a, \sigma_b | \boldsymbol{u_{11}}, \boldsymbol{u_{21}})$$
$$\propto \Pi_{i=1}^{13} \left[f(u_{i11}, u_{i21} | a_i, b_i) f(a_i | \mu_a, \sigma_a) f(b_i | \mu_b, \sigma_b) \right]$$
$$\times f(\mu_a) f(\mu_b) f(\sigma_a) f(\sigma_b) \tag{4.32}$$

オッズ比の事後予測分布は

$$\exp(\text{normal}(\mu_b^{(t)}, \sigma_b^{(t)})) \tag{4.33}$$

によって近似される．

表 4.11 には，オッズの平均の事後分布と事後予測分布の要約を示した．$\exp(\mu_b)$ は EAP と MED がほぼ同じであり，左右対称に近いことが示唆される．それに対して，事後予測分布は，指数変換の影響で EAP が MED より大きく，正に歪んでいることが分かる．点推定値としては MED の 0.467 を利用する．

表 4.10 の最左列に，各研究のオッズ比の EAP 推定値を示した．8 番目の研究では BCG の効果は見られない．BCG に効果のない研究の割合 $\text{phc}(1.0 < \exp(b_i^*))$ は 12.8% であった．オッズ比が 0.8 以下である $\text{phc}(\exp(b_i^*) < 0.8)$ は 79.2% であった．

表 4.11 前向き研究のオッズの平均の事後分布と事後予測分布の要約

	EAP	post.sd	0.025	MED	0.975
$\exp(\mu_b)$	0.476	0.102	0.301	0.467	0.703
事後予測分布	0.618	1.062	0.108	0.467	1.987

[*8)] 生成量 $\exp(a_i)$ は対照群のオッズに一致する．

[*9)] $f(\mu_a), f(\mu_b), f(\sigma_a), f(\sigma_b)$ は，十分に範囲の広い一様分布とする．

4.3.5　後ろ向き研究のメタ分析

表 4.12 は，結核予防のための BCG ワクチンの有効性を調べた 10 の後ろ向き研究の結果であり，Colditz *et al.* (1994) の table 2 である．1 つ目の研究は表 4.8 の Houston *et al.* (1990) である．

実験群なら $x_i = 1$ であり，対照群なら $x_i = 0$ であるような，予測変数を考えると，i 番目の研究の罹患の確率は (4.10) 式にならって

$$p_{i \text{ 症例群}} = \frac{1}{1 + \exp(-(a_i + b_i))} \tag{4.34}$$

$$p_{i \text{ 対照群}*} = \frac{1}{1 + \exp(-(a_i))} \tag{4.35}$$

となる．生成量 $\exp(b_i)$ が研究 i のオッズ比になることは前向き研究と同じである．事前分布としては (4.30) 式と (4.31) 式を用い，(4.34) 式と (4.35) 式を，添え字 i をつけた (4.27) 式に代入すると事後分布が得られる．

表 4.13 には，オッズの平均の事後分布と事後予測分布の要約を示した．$\exp(\mu_b)$ は EAP と MED がほぼ同じであり，左右対称に近いことが示唆される．それに対して，事後予測分布は，指数変換の影響で EAP が MED より大きく，正に歪んでいることが分かる．点推定値としては MED の 0.396 を利用する．

表 4.12 の最右列に，各研究のオッズ比の EAP 推定値を示し，図 4.8 にその事後分布を示した．BCG に効果のない研究の割合 $p(1.0 < \exp(b_i^*))$ は 11.1%であっ

表 **4.12**　BCG の有効性に関する後ろ向き研究のレビュー

研究	年	u_{11}	u_{21}	u_{12}	u_{22}	Odds/EAP
1 Houston *et al.*	1990	65	78	148	103	0.562
2 Miceli *et al.*	1988	50	125	519	356	0.283
3 Myint *et al.*	1987	162	149	977	559	0.616
4 Sirinavin *et al.*	1991	57	18	189	18	0.383
5 Young & Hershfield	1986	35	36	163	50	0.326
6 Rodrigues *et al.*	1991	57	54	356	199	0.578
7 Packe & Innes	1988	62	46	336	96	0.400
8 Putrali *et al.*	1983	59	44	281	131	0.610
9 Shapiro *et al.*	1985	38	140	247	73	0.097
10 Patel *et al.*	1991	57	82	140	156	0.725

表 **4.13**　後ろ向き研究のオッズの平均の事後分布と事後予測分布の要約

	EAP	post.sd	0.025	MED	0.975
$\exp(\mu_b)$	0.409	0.109	0.238	0.396	0.660
事後予測分布	0.572	1.146	0.077	0.396	2.018

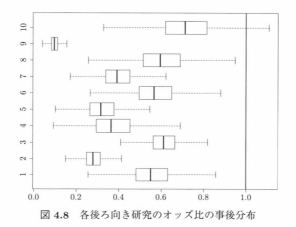

図 4.8　各後ろ向き研究のオッズ比の事後分布

た. オッズ比が 0.8 以下である phc($\exp(b_i^*) < 0.8$) は 82.9%であった.

4.4 正 誤 問 題

以下の説明で, 正しい場合は○, 誤っている場合は × と回答しなさい.

1) 研究を開始してから新たに生じる事象について調査する研究を前向き研究という.
2) 過去の事象について調査する研究を後ろ向き研究という.
3) 後ろ向き研究の短所は, 罹患のリスクやリスク比を計算しても意味がないこと.
4) 後ろ向き研究の介入率のオッズ比は, 罹患のオッズ比として解釈できる.
5) 前向き研究の長所は, リスクやリスク比を直接的に計算できること.
6) 前向き研究の短所は, 追跡に時間がかかること, 有病率の低い研究テーマの場合は症例が少なくなること.
7) 後ろ向き研究の長所は, 介入 (暴露) と疾病の時間的順序を保ちながら, 追跡に時間をかけずに両者の関係を調べられること, 有病率の低い研究テーマの場合でも症例を確保しやすいこと.

正解はすべて○

4.5 確 認 問 題

以下の説明に相当する用語を答えなさい.

1) 母比率 p のもとでの結果が 2 値の確率試行.
2) 区間 $[0, 1]$ の確率を区間 $[0, +\infty]$ の実数値にする変換.

3) 区間 $[0, 1]$ の確率を区間 $[-\infty, +\infty]$ の実数値にする変換.

4) 区間 $[-\infty, +\infty]$ の実数値を区間 $[0, 1]$ の実数値にする変換.

5) 2 値の基準変数に対する回帰分析.

6) 過去に行われた独立した複数の研究を収集し，統合する分析.

7) 前向き研究の別名を 2 つ.

8) 後ろ向き研究の別名.

4.6　実　習　課　題

以下の生成量の phc 曲線と phc テーブルを作成しなさい.

1)「昇進データ」から計算した「昇進する確率が五分五分の年齢」「1 年後に昇進しているオッズ比」.

2)「失語症の会話促進データ」から計算した「あと 5 回訓練した場合の正答率」.

3)「10 の後ろ向き研究のデータ」における表 4.12 の「オッズの平均」「オッズの事後予測分布」.

5 　　ポアソンモデル／対数線形モデル

■　■　■

　指数変換を利用した回帰分析を紹介する．ポアソン分布を利用して計数データ
の分析を行う．章末では分割表の解析に利用できる対数線形モデルに言及する．

5.1　ポアソン分布

　1カ月間に数えきれないほど旅客機は運航しているけれども，深刻な事故はめっ
たに起きない．野球の完全試合が達成される確率も相当に低いだろう．

　これらは2項分布の試行数 n が大きく，成功確率 p がとても小さい場合と考え
られる．2項分布の n と p の積を一定の値 λ に保った状態

$$\lambda = n \times p \tag{5.1}$$

で n を無限大へ，p を 0 へ向けて極限をとると，2項分布の確率変数 u は

$$f(u|\lambda) = \frac{e^{-\lambda}\lambda^u}{u!}, \quad 0 \leq u < \infty, \quad u \text{ は整数} \tag{5.2}$$

という確率関数 [*1] に従うことが知られている．これをポアソンの少数の法則
(Poisson's law of small numbers) といい，この確率分布をポアソン分布 (Poisson
distribution) という．

　ポアソンはフランスの数学者の名前である．ポアソン分布は，単位時間当たり
の来客数・電子メール数・車の通過数，単位面積当たりの細菌数・雨粒数・爆弾
命中数・植物数，単位ページ当たりの誤植数など多くの現象に適用できる．

　ポアソン分布の期待値と分散は

$$E[X] = \lambda \tag{5.3}$$

$$V[X] = \lambda \tag{5.4}$$

[*1]　分布関数は $F(u|\lambda) = \sum_{i=0}^{u} f(i|\lambda)$ である．

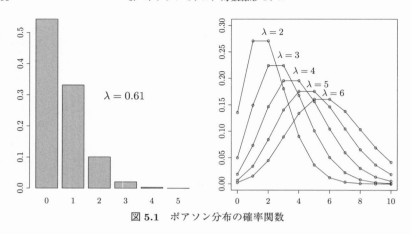

図 5.1 ポアソン分布の確率関数

のように，両方とも母数に等しい．図 5.1 の左図に $\lambda = 0.61$ のポアソン分布の確率関数を示す．また図 5.1 の右図に $\lambda = 2, 3, 4, 5, 6$ のポアソン分布の確率関数を示す．ポアソン分布の最頻値は，λ 以下の最大の整数であるが，λ が整数の場合は，$\lambda - 1$ と λ が最頻値となることが示されている．期待値と分散が伴って大きくなっている．

確率変数 u がポアソン分布に従うとき

$$u \sim \text{Poisson}(\lambda), \quad \text{または} \quad \text{Poisson}(u|\lambda) \tag{5.5}$$

と表記する．ポアソン分布は，母数 λ が大きくなると，平均 λ，分散 λ の正規分布に近似する．

5.1.1　数値例 (馬に蹴られて死亡した兵士数)

ポアソン分布の適用は，統計学者のボルトキーヴィッチがプロシア陸軍で馬に蹴られて死亡した兵士数を説明した [*2] ことから始まった．1875〜1894 年にかけて 1 年当たりに事故が発生する件数を延べ 200 の騎兵連隊で調べた結果が表 5.1である．

ボルトキーヴィッチは，死亡者数を連隊数で割り，ポアソン分布の母数 λ を

$$\hat{\lambda} = 0.61 = (0 \times 109 + 1 \times 65 + 2 \times 22 + 3 \times 3 + 4 \times 1 + 5 \times 0)/200 \tag{5.6}$$

と推定した．そして馬に蹴られて死亡した兵士数は，$\lambda = 0.61$ のポアソン分布

[*2]　Bortkiewicz, L. von (1898) "*Das Gesetz der Kleinen Zahlen*", University of Washington Library, Leipzig Druck und Verlag von B. G. Teubner.

表 5.1 プロシア陸軍で馬に蹴られて死亡した兵士数

死亡者数	0	1	2	3	4	5
連隊数	109	65	22	3	1	0
確率	0.5434	0.3314	0.1011	0.0206	0.0031	0.0004
理論連隊数	108.7	66.3	20.2	4.1	0.6	0.1

で近似できることを発見した. 確率の行は, たとえば死亡者 0 人に関しては, $\text{Poisson}(u = 0|\lambda = 0.61) = 0.5434$ のように計算する. 次の 1 年に連隊内で事故が発生しない確率は約 54.3%であり, 事故が 1 件起きる確率は約 33.1%である. 確率分布は図 5.1 の左図に示している.

理論連隊数の行は, 確率に連隊数 200 をかけて計算する. たとえば死亡者 0 人に関しては, $108.7 (= 0.5434 \times 200)$ のように計算する. 理論連隊数は, 実際に事故が起きた連隊数によく近似している.

5.1.2 数値例 (当たりの本数の確率)

48 本に 1 本の確率で「当たり」が出ることが知られているアイスキャンディーを 12 本買った. 1 本も当たらない確率は

$$\text{Poisson}(u = 0|\lambda = n \times p = 12 \times \frac{1}{48} = 0.25) = 0.779 \tag{5.7}$$

である. 1 本当たる確率は 0.195 ($= \text{Poisson}(u = 1|\lambda = 0.25)$), 2 本当たる確率は 0.024 ($= \text{Poisson}(u = 2|\lambda = 0.25)$) である.

5.2 ポアソン分布の推定

ポアソン分布を利用した母数の推定例を 2 つ紹介する.

5.2.1 爆弾命中数と区画数

Clarke (1946)[*3] は第 2 次世界大戦中にドイツの爆撃機から英国ロンドンに投下された爆弾に着目し, その命中数がポアソン分布に当てはまることを発見した. この例は W. Feller の著名な確率論の教科書 [*4] で紹介されたことによって, ポ

[*3] Clarke, R. D. (1946) An application of the Poisson distribution. *Journal of the Institute of Actuaries*, **72**(3).

[*4] Feller, W. (1957) "*An Introduction to Probability Theory and Its Applications*" (2nd ed.), Wiley. 河田龍夫 (監訳), 卜部舜一 (翻訳)(1960)『確率論とその応用 1 上』, 紀伊國屋書店.

アソン分布の有名な適用例となった．表 5.2 には 0.25 km² に分けられた 576 の区画ごとに，命中した爆弾がカウントされている．標本平均は 0.929 であり，標本分散は 0.934 であり，よく似ている．

表 5.2 ロンドンにおける爆弾命中数と事後予測チェック

命中数	0	1	2	3	4	5 以上
区画数	229	211	93	35	7	1
確率	0.396	0.365	0.170	0.053	0.013	0.002
事後予測値	228.2	210.4	98.0	30.6	7.3	1.2

命中数がポアソン分布に従っていると仮定し，事前分布は一様分布とし，母数の事後分布を求めて表 5.3 に示した．平均値 λ は 0.930(0.040)[0.853, 1.010]，標準偏差 $\sqrt{\lambda}$ は 0.964(0.021)[0.924, 1.005] と推定された．

表 5.3 母数と生成量の事後分布の要約

	EAP	post.sd	0.025	MED	0.975
平均 λ	0.930	0.040	0.853	0.930	1.010
標準偏差 $\sqrt{\lambda}$	0.964	0.021	0.924	0.964	1.005

表 5.2 の 3 行目の「確率」は，事後予測分布の確率関数の値である．事後予測分布は

$$u^{*(t)} \sim \text{Poisson}(\lambda^{(t)}) \tag{5.8}$$

によって近似する．

もう一度同じデータを収集したと仮定したときの度数を**事後予測値** (posterior predictive value) という．事後予測値は，事後予測分布の確率関数とデータ数の積で求める．たとえば命中数が 0 の事後予測値は 228.2 (= 0.396 × 576) と計算する．事後予測値を表 5.2 の 4 行目に示した．事後予測値が，元データを再現できているか否かを確認することを**事後予測チェック** (posterior predictive check) という．

命中数が 0 の区画は 229 区画であり，事後予測値は 228.2 区画である．命中数が 1 の区画は 211 区画であり，事後予測値は 210.4 区画である．命中数が 2 の区画は事後予測値が約 5 多く，命中数が 3 の区画は逆に事後予測値が約 4.4 少ない．命中数が 4 と 5 の区画は，ほぼ同じである．このように命中数と事後予測値は，全体的に似通っており，爆弾命中数はポアソン分布に従っていると考えられる．

5.2.2 授業の欠席者数

表5.4 は，W 大学のある学期の心理統計学関連の 14 回の授業の欠席者数[*5)] である．標本平均は 0.714 であり，標本分散は 0.633 である．ポアソン分布の当てはめを行ってみよう．

表 5.4 「心理統計学」の授業の欠席者数

週	1	2	3	4	5	6	7	8	9	10	11	12	13	14
欠席者数	0	1	2	0	0	1	2	0	2	0	2	0	1	0	0	1

事前分布として一様分布を用い，母数の事後分布を求め，表 5.5 に示した．平均値 λ は $0.787(0.237)[0.394, 1.313]$，標準偏差 $\sqrt{\lambda}$ は $0.877(0.133)[0.628, 1.146]$ と推定された．

表 5.5 母数と生成量の事後分布の要約

	EAP	post.sd	0.025	MED	0.975
λ	0.787	0.237	0.394	0.763	1.313
標準偏差	0.877	0.133	0.628	0.873	1.146

表 5.6 では，欠席者数ごとに集計し直した欠席者数と授業数を示す．3 行目の「確率」は，事後予測分布の確率関数の値であり，4 行目には事後予測値を示した．欠席者が 0 人の授業は 7 回であり，事後予測値は 6.5 回である．欠席者が 1 人の授業は 4 回であり，事後予測値は 4.8 回である．欠席者が 2 人の授業は 3 回であり，事後予測値は 2.0 回であり，1.5 倍もずれているともいえる．

表 5.6 欠席者の事後予測チェック

欠席者数	0	1	2	3	4	5 以上
授業数	7	4	3	0	0	0
確率	0.468	0.340	0.140	0.041	0.009	0.002
事後予測値	6.5	4.8	2.0	0.6	0.1	0.0

爆弾命中数はデータ数が 576 である．それに対して欠席者数のデータ数は 14 である．後者はデータ数が少ないので，前者の分析より不安定である．そのことは表 5.5 の post.sd が，表 5.3 の post.sd よりも 6 倍以上大きいことに示されてい

[*5)] 必修の授業であり，再履修者は集計していないので，欠席者は比較的少ない．

る．しかし一旦，事後予測分布の確率を計算してしまうと，その違いが見えなくなってしまう．このような場合には予測分布の分布を計算すると違いがはっきりする．たとえば $u = 2$ における予測分布の分布は

$$p_{u=2}^{(t)} \sim \text{Poisson}(u = 2 | \lambda^{(t)}) \tag{5.9}$$

で近似され，事後予測値の分布はそれをデータ数倍することで近似される．表 5.7 に，爆弾命中数と欠席者数の，$p_{u=2}^{(t)}$ と事後予測値の分布の要約を示す．

表 5.7　母数と生成量の事後分布の要約

爆弾命中数	EAP	post.sd	0.025	MED	0.975
$p_{u=2}^{(t)}$	0.171	0.008	0.155	0.171	0.186
事後予測値	98.3	4.5	89.3	98.3	107.0

欠席者数	EAP	post.sd	0.025	MED	0.975
$p_{u=2}^{(t)}$	0.138	0.047	0.052	0.136	0.232
事後予測値	1.93	0.66	0.73	1.90	3.25

　爆弾命中数の $p_{u=2}^{(t)}$ は 0.171(0.008)[0.155, 0.186] と非常に安定しているのに対して，欠席者数の $p_{u=2}^{(t)}$ は 0.138(0.047)[0.052, 0.232] のように相対的に安定しているとはいえないことが示されている．事後予測値も同様である．事後予測チェックをする場合には点推定値ばかりでなく，事後予測確率や事後予測値の区間推定も重要である．

5.3　2つのポアソン分布の比較

　本節では 2 つのポアソン分布の推測を通じて，2 群の平均値が等しい確率と異なる確率を，phc の観点から考察する．

　鏡映描写課題 (mirror drawing task) とは，鏡映像を手掛かりにして，図 5.2 左図のような凹凸の目立つ図形の外周に設けられたコースを鉛筆などでたどる課題である．頂点の矢印から左回りに溝の中をたどり，コースから逸脱したら，スタートに戻ることなく，その場で再出発する．鏡映像は遠近関係が実際とは逆であり，知覚と運動の対応がない状態は，ほとんどの人が未体験であるという意味で学習経験を統制することができる．また練習の効果が短時間に現れやすいので，心理学基礎実験の授業教材としてしばしば利用される．測定されるのは，コースを抜けるまでの時間と，コースからの逸脱数であることが多い．

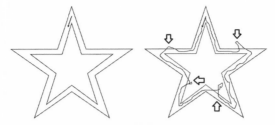

図 5.2 鏡映描写課題での星形の溝

表 5.8 に, 2つのグループの「逸脱数」の分布を示した.「逸脱数」とはスタートからゴールまでに溝から外れた回数であり, たとえば図 5.2 右図では 4 回逸脱している.

表 5.8 鏡映描写課題における逸脱数の分布

逸脱数	0	1	2	3	4	5	6	7	計
第 1 群	3	12	5	7	2	1	0	0	$n_1 = 30$
第 2 群	3	11	6	5	3	2	0	1	$n_2 = 31$

母数 λ_1, λ_2 の事前分布として, たとえば正の領域の十分に広い一様分布を選び, 事後分布を以下として

$$f(\lambda_1, \lambda_2 | \boldsymbol{u_1}, \boldsymbol{u_2}) \propto \left[\prod_{i=1}^{n_1} \text{Poisson}(u_{i1} | \lambda_1) \right] \times \left[\prod_{i=1}^{n_2} \text{Poisson}(u_{i2} | \lambda_2) \right]$$
$$\times f(\lambda_1) f(\lambda_2) \tag{5.10}$$

MCMC 法を行う. 表 5.9 に事後分布の要約を示す.

表 5.9 2 群のポアソンモデルの母数の事後分布の要約

	EAP	post.sd	0.025	MED	0.975
λ_1	1.900	0.253	1.437	1.889	2.427
λ_2	2.192	0.265	1.704	2.182	2.740

λ_1 と λ_2 の EAP 推定値は, それぞれ 1.900 と 2.192 であり, $\lambda_1 < \lambda_2$ であるから, 第 2 群の「逸脱数」のほうが大きいと考えるべきだろうか. あるいは λ_1 と λ_2 の 95%確信区間は, それぞれ [1.437, 2.427], [1.704, 2.740] であり, 重なりが大きいから, 第 1 群と第 2 群の「逸脱数」は同等と考えるべきだろうか.

このような研究上の問い (research question, RQ) に答えることは, 2 つの群を

実験群と対照群として扱い，この後に何らかの実験的処理を行う場合に必要となることがある (処理の例は第6章で紹介する). もし第1群と第2群の「逸脱数」が同等でないとすると，たとえ処理後の第2群の「逸脱数」が大きくても実験的処理の影響か，もともとの群の性質が違っていたのか区別がつかないからである. 本音を言えば，処置前は2つの群が同等であってほしい.

実質的に同等であるという仮説を積極的に論じたい場合には，ROPE[*6] という考え方が有効である. ROPE とは，この場合 $\lambda_1 = \lambda_2$ と実質的に等価な範囲のことである. たとえば，薬物とプラセボの効能を評価するような場面で，導入コストや原価の関係上，薬物が少なくとも5ポイント改善しないと意味がないとしよう. そうした場合には ROPE として ± 0.05 が設定される.

「2つの群の母数が ROPE である」という研究仮説が正しい確率 phc は生成量

$$u^{(t)}_{|\lambda_2 - \lambda_1| < c} = \begin{cases} 1 & |\lambda_2^{(t)} - \lambda_1^{(t)}| < c \\ 0 & \text{それ以外の場合} \end{cases} \tag{5.11}$$

の EAP で評価される. 表5.10 に基準点 c に関して2群の母数が ROPE である phc と，ROPE でない phc を示した.

「第2群の母数が c^* 以上大きい」という研究仮説が正しい確率 phc は生成量

$$u^{(t)}_{\lambda_2 - \lambda_1 > c^*} = \begin{cases} 1 & \lambda_2^{(t)} - \lambda_1^{(t)} > c^* \\ 0 & \text{それ以外の場合} \end{cases} \tag{5.12}$$

の EAP で評価される. 表5.11 に基準点 c に関して λ_2 のほうが大きいという phc を示した.

表 5.10　ROPE である phc，ROPE でない phc

c	0.0	0.2	0.4	0.6	0.8	1.0	1.2
phc($|\lambda_2 - \lambda_1| < c$)	0.000	0.309	0.586	0.793	0.917	0.973	0.993
phc($|\lambda_2 - \lambda_1| > c$)	1.000	0.691	0.414	0.207	0.083	0.027	0.007

表 5.11　λ_2 のほうが大きいという phc

c^*	0.0	0.2	0.4	0.6	0.8	1.0	1.2
phc($\lambda_2 - \lambda_1 > c^*$)	0.788	0.601	0.384	0.199	0.082	0.026	0.007

[*6]　Kruschke, J. (2014) *Doing Bayesian Data Analysis: A Tutorial with R, JAGS, and Stan* (2nd ed.), Academic Press. 前田和寛，小杉考司 (翻訳) (2017) 『ベイズ統計モデリング：R, JAGS, Stan によるチュートリアル』 (原著第2版)，共立出版，第12章.

$c = 0.0$ の ROPE は有意性検定における帰無仮説である．帰無仮説が正しい確率は 0.000 であることが示されている．帰無仮説は本来，偽なのである．$c^* = 0.0$ の phc は差が 0 以上であるという研究仮説が正しい確率を意味し，0.788 であるが，差が 0 以上では実践的な差とはいえない．

逆に基準点が 1.0 以上だと，逸脱が平均的に 1 回以上違うことになって，実質的な差があり，ROPE とはいえないだろう．ならば $\mathrm{phc}(|\lambda_2 - \lambda_1| < 1.0) = 0.973$ は解釈しても意味がない．

たとえば中をとり，基準点 0.6 を ROPE として受け入れるならば，ROPE である確率は 0.793 であり，第 2 群のほうが大きい確率は 0.199 である．

5.4 ポアソン回帰

表 5.12 には鏡映描写課題の「逸脱数」を示した．ただし 1 人の被験者が，利き腕だけで 15 試行を連続して行った結果である．図 5.3 には，その逸脱数を折れ線グラフで示した．試行数が増えるにつれて，「逸脱数」が減少する傾向が見られる．これは逆転した像の中で筆記用具を動かす運動のコツを被験者が学習するためと考えられる．そこでその現象の様子を記述するために，第 1 章で学習した回帰直線を図 5.3 に描いた．直線はデータに絡み，一見，うまくいっているようにも見えるが，

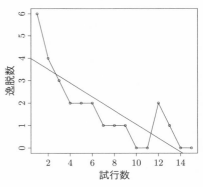

図 5.3　15 試行における逸脱数

表 5.12　鏡映描写課題における逸脱数

試行数 x_i	1	2	3	4	5	6	7	8	9	10	11	12	13	14	15
逸脱数 u_i	6	4	3	2	2	2	1	1	1	0	0	2	1	0	0

- 逸脱数は 0 が下限なので，λ が小さいときには分布は正に歪むだろう．このため対称な分布である正規分布を利用する回帰直線は望ましくない．
- $x = 15$ で $\hat{y}$ が 0 を下回っている．しかし負の値の予測値は解釈できない．試行数がいくら大きくなっても逸脱の可能性は残るはずである．

● データを観察すると，初期に急速に逸脱数が少なくなっている．その後緩やかに逸脱数は減っている．このため逸脱の減少を直線で表現するのは適当でない．

などの点で必ずしも望ましくない．

5.4.1　指 数 変 換

第 1 試行から第 15 試行における第 i 試行の逸脱数 u_i は，母数 λ_i のポアソン分布に従っている

$$u_i \sim \mathrm{Poisson}(\lambda_i), \quad i = 1, \cdots, 15 \tag{5.13}$$

と考える．言い換えるならば，それぞれの試行で，異なった母数のポアソン分布に従っているということである．ただし λ_i は回帰直線の関数

$$\lambda_i = f(a + bx_i) \tag{5.14}$$

で表現される [7] ものとする．

ポアソン分布の平均 λ_i は 0 を含む正の領域で定義される．それに対して回帰式は正負の値をとりうる．そこで区間 $(-\infty, +\infty)$ から区間 $[0, +\infty)$ への変換として，図 5.4 のような指数変換 $\exp(\ )$ を利用する．

以上のことから基準変数である第 i 試行の逸脱数 u_i の分布は

$$f(u_i|\boldsymbol{\theta}) = \mathrm{Poisson}(u_i|\lambda_i) = \mathrm{Poisson}(u_i|\exp(a + bx_i)), \quad \boldsymbol{\theta} = (a, b) \tag{5.15}$$

である．尤度は $\boldsymbol{u} = (u_1, \cdots, u_{15})$ として

$$f(\boldsymbol{u}|\boldsymbol{\theta}) = f(u_1|\boldsymbol{\theta}) \times \cdots \times f(u_{15}|\boldsymbol{\theta}) \tag{5.16}$$

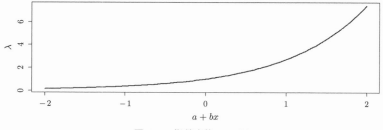

図 5.4　指数変換 $\exp(\ )$

---

[7]　この例ではたまたま $x_i = i \ (i = 1, \cdots, 15)$ である．

となる. 同時事前分布を, 適当な一様分布の積として

$$f(\boldsymbol{\theta}) = f(a) \times f(b) \tag{5.17}$$

$$f(\boldsymbol{\theta}|\boldsymbol{u}) \propto f(\boldsymbol{u}|\boldsymbol{\theta})f(\boldsymbol{\theta}) \tag{5.18}$$

のように事後分布を導く.

ポアソン回帰モデルの母数の事後分布の要約を表 5.13 に示した. 切片 a は 1.815(0.333)[1.137, 2.443] と推定され, 傾き b は $-0.220(0.059)[-0.343, -0.110]$ と推定された.

表 5.13 ポアソン回帰モデルの母数・生成量等の事後分布の要約

	EAP	post.sd	0.025	MED	0.975
a	1.815	0.333	1.137	1.827	2.443
b	-0.220	0.059	-0.343	-0.218	-0.110
λ_7	1.357	0.333	0.779	1.332	2.080
u_7^*	1.353	1.204	0.000	1.000	4.000
$\exp(b)$	0.804	0.047	0.710	0.804	0.895

図 5.5 に鏡映描写課題における逸脱数の散布図にポアソン回帰分析による曲線を描いた. 図 5.3 の回帰直線の場合には $x_{15} = 15$ で予測値が 0 を下回っていた. しかし指数変換を施したポアソン回帰では 0 を下回らない. 試行数が大きくなっても逸脱の可能性は残ることが示されている. また初期に急速に逸脱数が減り, その後緩やかに逸脱数は減っている状態が適切に表現されている.

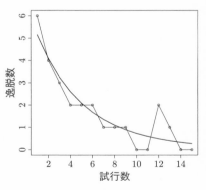

図 5.5 逸脱数のポアソン回帰

5.4.2 生 成 量

表 5.13 の下段には, 有用と思われる 3 種類の生成量の分布の要約を示した.

1 つ目は, λ_i の事後分布であり,

$$\lambda_i^{(t)} = \exp(a^{(t)} + b^{(t)}x_i) \tag{5.19}$$

によって近似する. たとえば λ_7 は, 1.357(0.333)[0.779, 2.080] と推定された. データの数が少ないので, 確信区間は相当に大きい.

2つ目は，u_i の事後予測分布であり，

$$u_i^{*(t)} \sim \mathrm{Poisson}(\lambda_i^{(t)}) \tag{5.20}$$

によって近似する．たとえば u_7^* は，1.353(1.204)[0, 4] と推定された．平均値は，λ_7 とほぼ同じであるが，標準偏差は post.sd より相当大きい．予測区間は整数値であることにも注意されたい．

3つ目は，予測変数を 1 単位変化させたときの母数の変化率

$$\frac{\lambda_{i+1}}{\lambda_i} = \frac{\exp(a + b(x_i + 1))}{\exp(a + bx_i)} = \frac{\exp(a + bx_i)\exp(b)}{\exp(a + bx_i)} = \exp(b) \tag{5.21}$$

である．$\exp(b)$ は 0.804(0.047)[0.710, 0.895] なので，1 回の試行で逸脱数は平均的に 2 割ほど減ることが分かる．

5.5 対数線形モデル

ポアソン分布の母数を，指数変換された実験計画法の構造模型で制約し，分割表を分析するモデルを**対数線形モデル** (log–linear model) という．またそのモデルをセルごとに試行数が異なるケースに拡張する．

5.5.1 度数を構造化する

商品 A を宣伝するための広告 B の宣伝効果を調べることとする．質問は「商品 A を購入したか否か」「広告 B を見たことがあるか否か」の 2 つであり，調査は店舗 C の出入り口で 5 時間 (18000 秒) 行われた．表 5.14 の分割表には該当する人数を示した．

たとえば u_{11} の 29 人は，18000 の時点の中の 29 時点で事象 [8] がランダムに生起した結果である．(5.1) 式では試行数 n =18000 のケースだから，u_{ij} は

$$u_{ij} \sim \mathrm{Poisson}(\lambda_{ij} = 18000 \times p_{ij}) \tag{5.22}$$

表 5.14　広告 B の宣伝効果を調べる調査の結果

	見たことがある ($j=1$)	見たことがない ($j=2$)	計
購入 ($i=1$)	$u_{11} = 29$	$u_{12} = 21$	50
未購入 ($i=2$)	$u_{21} = 50$	$u_{22} = 145$	195
計	79	166	245

---

[8]　商品 A を購入しかつ広告 B を見た人に出会って話が聴けたという事象．

というポアソン分布に従うと仮定できる．一定期間の観測で特定の事象が一様に生起し，生起回数がポアソン分布に従うとき，そのようなデータ生成をポアソンサンプリング (Poisson sampling)[9] という．

ただし添え字 i, j によらずに $n = 18000$ だから，λ_{ij} と p_{ij} をモデル化することは同義である．そこで λ_{ij} に対して，2 要因の実験計画モデル

$$\lambda_{ij} = \exp(\mu + a_i + b_j + (ab)_{ij}), \quad i = 1, 2, \ j = 1, 2 \tag{5.23}$$

を仮定[10]する．2 要因の実験計画モデルであるから

$$a_1 = -a_2, \quad b_1 = -b_2, \quad (ab)_{11} = -(ab)_{12} = -(ab)_{21} = (ab)_{22} \tag{5.24}$$

という制約が入る．母数の数は実質的に 4 つである．$\boldsymbol{u} = (u_{11}, u_{12}, u_{21}, u_{22})$，$\boldsymbol{\theta} = (\mu, a_1, b_1, (ab)_{11})$ とすると尤度は

$$f(\boldsymbol{u}|\boldsymbol{\theta}) = \prod_{i=1}^{2} \prod_{j=1}^{2} \text{Poisson}(u_{ij}|\lambda_{ij}) \tag{5.25}$$

である．$\boldsymbol{\theta}$ の事前分布には，それぞれ適当な一様分布を仮定して (5.18) 式のように事後分布を得る．表 5.15 に事後分布と生成量の要約を示す．

まず主効果の解釈を行う．要因 A の水準「購入」の効果 a_1 は $-0.626(0.083)$ $[-0.793, -0.466]$ で確信区間が負の領域にあるから，商品 A の購入者は未購入者より少ない．要因 B の水準「見たことがある」の効果 b_1 は $-0.186(0.083)$ $[-0.349, -0.021]$ で確信区間が負の領域にあるから，広告 B を見たことがある人は見たことがない人より少ない．

表 5.15 広告効果の分析の母数・生成量の事後分布の要約

	EAP	post.sd	0.025	MED	0.975
μ	3.811	0.083	3.644	3.813	3.970
a_1	-0.626	0.083	-0.793	-0.625	-0.466
b_1	-0.186	0.083	-0.349	-0.186	-0.021
ab_{11}	0.350	0.083	0.187	0.349	0.514

---

[9] 対数線形モデルでは，セル度数が必ずしもポアソンサンプリングによって生成されたデータでない場合でも分析される．たとえば次項のタイタニック号事件の犠牲者は生起確率が大きく，ポアソンサンプリングの結果とは言い難い．

[10] 繰り返しのない 2 要因の実験データであるから，有意性検定をする場合には，飽和モデルになり，推測統計的考察はできなくなる．ベイズ的アプローチの場合は飽和モデルの母数の事後分布を利用して，母数に関する推測ができる．

交互作用 AB の効果 ab_{11} は 0.350(0.083)[0.187, 0.514] であり，確信区間が正の領域にある．ここが広告効果の確認にとって注目される肝であり，広告を見て購入した人と，見ずに購入しない人は，周辺度数から期待されるより多いと結論する．

5.5.2 比率を構造化する

1912 年，当時最大の客船であったタイタニック号は，処女航海中の 4 日目に北大西洋で氷山に衝突し沈没事故 [*11)] を起こした．タイタニック号には 2224 人が乗船しており，1500 人以上が亡くなった．表 5.16 は，そのうち 2201 人の乗船者中の犠牲者数を，立場と性別で集計している．この事件では，立場と性別によって犠牲者となるリスクが異なっていたといわれているので，そのことを調べてみよう．

表 5.16　タイタニック号の乗員・乗客の犠牲者数

犠牲者数 u_{ij}/人数 n_{ij}	女性 ($j=1$)	男性 ($j=2$)
1 等乗客 ($i=1$)	4/145	118/180
2 等乗客 ($i=2$)	13/106	154/179
3 等乗客 ($i=3$)	106/196	422/510
乗員　　　 ($i=4$)	3/23	670/862

たとえば 1 等乗客 ($i=1$) の女性 ($j=1$) の人数 n_{11} は 145 人であり，うち犠牲者数 u_{11} は 4 人である．同様に，乗員の女性は 23 人中 3 人が犠牲になっている．広告効果ではすべてのセルで試行数が $n=18000$ で一定であったから直接的にセル間の度数を比較できた．しかし 145 人中の 4 人と 23 人中の 3 人は比較しにくい．そこで n_{ij} がデータとして所与であることを利用し，

$$u_{ij} \sim \mathrm{Poisson}(\lambda_{ij} = n_{ij} \times p_{ij}) \tag{5.26}$$

のように，u_{ij} を生起確率 p_{ij} の関数とみなす．そして p_{ij} に

$$p_{ij} = \exp(\mu + a_i + b_j + (ab)_{ij}), \quad i=1,\cdots,4,\ j=1,2 \tag{5.27}$$

の 2 要因の実験計画モデルを当てはめる．

2 要因の実験計画モデルであるから

[*11)]　4 月 14 日の夜から 15 日の朝にかけて，英国・サウサンプトンから米国・ニューヨーク行きの航路上でこの事故は起きた．

表 5.17 タイタニック号事件の犠牲者の分析の母数・生成量の事後分布の要約

	EAP	post.sd	0.025	MED	0.975
μ	−1.214	0.110	−1.447	−1.208	−1.014
a_1	−0.860	0.221	−1.329	−0.848	−0.460
a_2	0.068	0.152	−0.229	0.067	0.370
a_3	0.809	0.117	0.595	0.804	1.053
a_4	−0.017	0.248	−0.563	0.003	0.413
b_1	−0.958	0.110	−1.191	−0.952	−0.757
ab_{11}	−0.689	0.221	−1.160	−0.677	−0.289
ab_{21}	−0.035	0.152	−0.330	−0.035	0.266
ab_{31}	0.744	0.117	0.529	0.739	0.989
ab_{41}	−0.020	0.248	−0.562	0.000	0.410
p_{11}	0.028	0.014	0.008	0.025	0.060
p_{12}	0.656	0.061	0.543	0.654	0.779
p_{21}	0.123	0.034	0.065	0.119	0.197
p_{22}	0.861	0.069	0.730	0.859	1.002
p_{31}	0.541	0.052	0.444	0.539	0.648
p_{32}	0.827	0.040	0.750	0.827	0.907
p_{41}	0.131	0.075	0.027	0.117	0.313
p_{42}	0.777	0.030	0.720	0.777	0.837

$$a_1 + a_2 + a_3 + a_4 = 0, \tag{5.28}$$

$$b_1 = -b_2, \tag{5.29}$$

$$(ab)_{1j} + (ab)_{2j} + (ab)_{3j} + (ab)_{4j} = 0, \quad j = 1, 2 \tag{5.30}$$

$$(ab)_{i1} + (ab)_{i2} = 0, \quad i = 1, 2, 3, 4 \tag{5.31}$$

という制約が入る. $\boldsymbol{u} = (u_{11}, \cdots, u_{42})$, $\boldsymbol{\theta} = (\mu, \cdots, (ab)_{42})$ とすると尤度は

$$f(\boldsymbol{u}|\boldsymbol{\theta}) = \prod_{i=1}^{4} \prod_{j=1}^{2} \text{Poisson}(u_{ij}|n_{ij} \times p_{ij}) \tag{5.32}$$

である. $\boldsymbol{\theta}$ の事前分布には, それぞれ適当な一様分布を仮定して (5.18) 式のように事後分布を得る. また (5.27) 式に準じて生成量 p_{ij} の事後分布を得る. 表 5.17 に事後分布と生成量の要約を示した.

実質科学的に差があることの必要条件を確認するために, 「研究仮説: 効果は 0 より大きい (小さい)」に関する phc を表 5.18 に示し, 「研究仮説: p_{ij} は $p_{i'j'}$ より大きい」に関する phc を表 5.19 に示した.

a_1 は有効数字 3 桁で 100%の確信で 0 以下である. a_3 は有効数字 3 桁で 100%の確信で 0 より大きい. 1 等乗客の死亡率は低く, 3 等乗客の死亡率は高い.

b_1 は有効数字 3 桁で 100%の確信で 0 以下である. 女性の死亡率は低い. ここ

表 5.18　水準・交互作用の効果が 0 より大きい (小さい) 確率

	a_1	a_2	a_3	a_4	b_1	$(ab)_{11}$	$(ab)_{21}$	$(ab)_{31}$	$(ab)_{41}$
$0 <$	**0.000**	0.672	**1.000**	0.505	**0.000**	**0.000**	0.406	**1.000**	0.499
≤ 0	**1.000**	0.328	**0.000**	0.495	**1.000**	**1.000**	0.594	**0.000**	0.501

表 5.19　行の比率が列の比率より大きい phc

	p_{11}	p_{12}	p_{21}	p_{22}	p_{31}	p_{32}	p_{41}	p_{42}
p_{11}	0.000	0.000	0.002	0.000	0.000	0.000	0.038	0.000
p_{12}	1.000	0.000	1.000	0.012	0.925	0.011	1.000	0.039
p_{21}	0.998	0.000	0.000	0.000	0.000	0.000	0.513	0.000
p_{22}	1.000	0.988	1.000	0.000	1.000	0.656	1.000	0.866
p_{31}	1.000	0.075	1.000	0.000	0.000	**0.000**	0.999	0.000
p_{32}	1.000	0.989	1.000	0.344	1.000	0.000	1.000	0.840
p_{41}	0.962	0.000	0.487	0.000	0.001	0.000	0.000	0.000
p_{42}	1.000	0.961	1.000	0.134	1.000	0.160	1.000	0.000

までは，さまざまな資料で，よくいわれていることである．

　3 等乗客の女性の交互作用効果 $(ab)_{31}$ は有効数字 3 桁で 100%の確信で 0 より大きい．言い換えると 3 等乗客の男性の交互作用効果 $(ab)_{32}$ は有効数字 3 桁で100%の確信で 0 以下であることを示している．

　ただし，このことは 3 等乗客の中では，男性のほうが女性より死亡率が低いことを意味していない．表 5.19 中の p_{31} と p_{32} の比較に注目すると $p_{31} > p_{32}$ のphc は，有効数字 3 桁で 0%だからである．ここは「主効果として女性の死亡率が低いことを前提とすると，そこから期待される死亡率より 3 等乗客の女性の死亡率は確実に高い」と解釈する．

　このことは $(ab)_{11} \leq 0$ の phc が有効数字 3 桁で 100%であることと関係している．つまり「1 等乗客の死亡率は低く，3 等乗客の死亡率は高く，女性の死亡率は低いという主効果を前提としてなお，さらに 1 等乗客の女性は 3 等乗客の女性より死亡率が低い」と解釈する．

5.6　正　誤　問　題

以下の説明で，正しい場合は○，誤っている場合は × と回答しなさい．
1) ポアソン分布は，母数 λ が大きくなると，平均 λ，分散 λ の正規分布に近似する．
2) ポアソン分布の適用は，プロシア陸軍で馬に蹴られて死亡した兵士数を説明したことから始まった．

3) 2つのポアソン分布の母数は，厳密に等しい確率は0であるが，実質的に等しい範囲にある確率は計算できる.

正解はすべて○

5.7　確　認　問　題

以下の説明に相当する用語を答えなさい.

1) 2項分布の n と p の積を一定にし，n を無限大へ，p を0へ極限をとった分布.
2) もう一度，同じデータを収集したと仮定したときの度数.
3) 事後予測値が，元データを再現できているか否かの確認.
4) 実質的に等価な範囲を表すアルファベット4文字.
5) ポアソン回帰で用いられる実数全体から正の値への変換.
6) ポアソン分布の母数を，指数変換された実験計画法の構造模型で制約し，分割表を分析するモデル.

5.8　実　習　課　題

1等乗客女性と3等乗客女性の死亡率のリスク差とリスク比に関して，phc曲線とphcテーブルを作成し，考察しなさい.

6 数種の分布による独立した1要因の推測

■ ■ ■

第Ⅰ巻では正規分布を利用して，独立した1要因・2要因の実験計画モデルを紹介した．本章では1要因に限定して非正規分布に拡張する．具体的には対数正規分布・ポアソン分布・2項分布を利用した多群の比較モデルを論じる．また6.5節では水準の効果に正規分布を仮定した1要因実験の変量モデルを解説する．

6.1 対数正規分布

対数正規分布 (log–normal distribution) は連続確率分布の一種であり，当該の確率変数 x の対数をとったとき，変換後の確率変数が正規分布する分布として定義される．変数 x の確率密度関数が

$$f(x|\mu, \sigma) = \frac{1}{\sqrt{2\pi}\sigma x} \exp\left[-\frac{1}{2\sigma^2}(\log x - \mu)^2\right] \tag{6.1}$$

であるとき，x は対数正規分布に従うといい，

$$x \sim \log\_normal(\mu, \sigma), \quad \text{または} \quad \log\_normal(x|\mu, \sigma) \tag{6.2}$$

と表記する．

ウイルスの潜伏期間，高齢者の介護期間などの時間の分布や，所得・資産の分布や，株価の収益率や，焼き物の破片の大きさの分布など，下限が0で上限がない事象のモデル化に使われる．対数正規分布の母数は μ と σ の2つであり，正規分布と似ている．しかしそれらは平均と標準偏差でないことに注意されたい．

平均と標準偏差は，

$$\text{平均} = \exp\left(\mu + \frac{1}{2}\sigma^2\right) \tag{6.3}$$

$$\text{標準偏差} = \sqrt{\exp(2\mu + \sigma^2)(\exp(\sigma^2) - 1)} \tag{6.4}$$

である．また，対数正規分布の中央値および最頻値は，

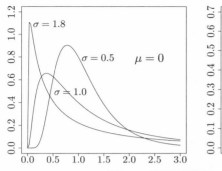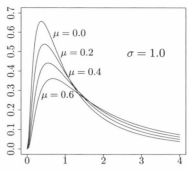

図 **6.1** 対数正規分布の確率密度関数

$$中央値 = \exp(\mu) \tag{6.5}$$

$$最頻値 = \exp(\mu - \sigma^2) \tag{6.6}$$

となる. また平均値, 最頻値, 中央値の 3 つの指標には

$$最頻値 < 中央値 < 平均値 \tag{6.7}$$

という関係がある.

図 6.1 には対数正規分布の形状を示した. 左図は $\mu = 0.0$ に固定して $\sigma = 0.5, 1.0, 1.8$ と変化させたときの形状である. 逆に右図は $\sigma = 1.0$ に固定して $\mu = 0.0, 0.2, 0.4, 0.6$ と変化させたときの形状である.

6.1.1 数 値 例

年収の分布が図 6.2 のように log_normal$(\mu = 15.3, \sigma = 0.5)$[*1] に従っているとすると, その集団の年収の平均値・中央値・最頻値はいくらか. また上位 5%, 1%, 0.1%の年収は何円以上か.

$$500 万円 = \exp\left(15.3 + \frac{1}{2}0.5^2\right)$$

$$441 万円 = \exp(15.3)$$

$$344 万円 = \exp(15.3 - 0.5^2)$$

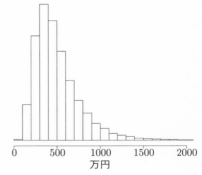

図 **6.2** ある集団の年収の分布

[*1] 平成 26 年の民間給与実態統計調査 (国税庁) の男性の平均値と中央値から母数を定めた.

上位 5%は 1004 万円以上，上位 1%は 1412 万円以上，上位 0.1%は 2069 万円以上である．

6.1.2　対数正規分布の推定

表 6.1 は，1 万円の単位で示した職種 I の 30 人の年収 ($\boldsymbol{x} = (x_1, x_2, \cdots, x_{30})$) である．対数正規分布を利用して年収の分布を推定する．

表 6.1　職種 I の 30 人の年収 (万円)

367	1611	263	405	754	415	837	341	396	342
282	296	886	412	572	471	781	531	757	723
870	933	392	612	394	343	372	747	280	941

μ の事前分布としては十分に広い範囲の一様分布，σ の事前分布としては十分に広い正の範囲の一様分布とし，事後分布を

$$f(\mu, \sigma | \boldsymbol{x}) \propto \left[\prod_{i=1}^{30} \log\_\mathrm{normal}(x_i | \mu, \sigma) \right] f(\mu) f(\sigma) \tag{6.8}$$

として MCMC 法を行う．表 6.2 に母数と生成量の事後分布の要約を示す．

表 6.2　職種 I の母数と生成量の事後分布の要約

	EAP	post.sd	0.025	MED	0.975
μ	6.250	0.089	6.074	6.251	6.424
σ	0.482	0.067	0.373	0.475	0.634
平均値	586	57	490	581	712
中央値	520	46	434	518	617
最頻値	411	45	319	413	495
標準偏差	303	68	207	291	467

生成量としては平均・中央値・最頻値・標準偏差 (SD) の事後分布を

$$平均^{(t)} = \exp\left(\mu^{(t)} + \frac{1}{2} \sigma^{(t)2} \right) \tag{6.9}$$

$$中央値^{(t)} = \exp(\mu^{(t)}) \tag{6.10}$$

$$最頻値^{(t)} = \exp(\mu^{(t)} - \sigma^{(t)2}) \tag{6.11}$$

$$SD^{(t)} = \sqrt{\exp(2\mu^{(t)} + \sigma^{(t)2})(\exp(\sigma^{(t)2}) - 1)} \tag{6.12}$$

のように近似する．

　母数 μ, σ を直接解釈することは難しいけれども，生成量を見れば平均年収が 586 万円 (57)[490, 712]，中央値が 520 万円 (46)[434, 617]，最頻値が 411 万円 (45)[319, 495] と，異なる代表値ごとに推測できる．

6.1.3　2 つの対数正規分布の比較

　表 6.3 は職種 II の 30 人の年収 ($\boldsymbol{x}_2 = (x_{12}, x_{22}, \cdots, x_{30\,2})$) である．表 6.1 の職種 I のデータを $\boldsymbol{x}_1$ と表記し直し，2 つの職種の年収の分布を比較する．

表 **6.3**　職種 II の 30 人の年収 (万円)

697	681	330	176	307	1668	641	1150	301	365
1033	373	836	367	265	217	941	278	504	299
865	504	790	273	2292	385	277	622	475	1205

　母数には群を表現する添え字をつけ，(6.8) 式に準じて事前分布を設定し，事後分布を

$$f(\mu_1, \mu_2, \sigma_1, \sigma_2 | \boldsymbol{x}_1, \boldsymbol{x}_2)$$

$$\propto \left[\prod_{i=1}^{30} \log\text{-normal}(x_{i1} | \mu_1, \sigma_1) \right]$$

$$\times \left[\prod_{i=1}^{30} \log\text{-normal}(x_{i2} | \mu_2, \sigma_2) \right] f(\mu_1) f(\mu_2) f(\sigma_1) f(\sigma_2) \tag{6.13}$$

として MCMC 法を行う．職種 I に関する事後分布は表 6.2 と共通なので，表 6.4 に職種 II の母数と生成量の事後分布の要約を示す．

表 **6.4**　職種 II の母数と生成量の事後分布の要約

	EAP	post.sd	0.025	MED	0.975
μ_2	6.248	0.124	6.004	6.247	6.491
σ_2	0.666	0.093	0.514	0.655	0.876
平均値$_2$	654	95	506	642	877
中央値$_2$	521	65	405	517	659
最頻値$_2$	334	57	219	336	442
標準偏差$_2$	499	149	307	468	873

　EAP 推定値で比較すると平均値は 586 万と 654 万で，職種 I より職種 II のほうが大きい．中央値は 520 万と 521 万で，職種 I と職種 II はほぼ同じである．最

頻値は 411 万と 334 万で,逆に職種 I のほうが職種 II より大きい.平均値・中央値・最頻値が一致する正規分布と異なり,対数正規分布の比較は位置に関する大小関係が逆転することがありうる.標準偏差は 303 万と 499 万で,職種 I より職種 II のほうが貧富の差が大きい.

平均値・中央値・最頻値の差の事後分布の要約を表 6.5 に示す.95%確信区間は3 つとも 0 を含んでいる.そこで差 c に関する phc を表 6.6 に示した.ただし最頻値は職業 I から職業 II を引いている.最も差を確信できるのは最頻値であり,$c = 0$ の場合は 86.1%である.30 万円以上差があるという phc は 74.5%である.次に差が確信できるのは平均値であり,$c = 0$ の場合は 73.3%である.30 万円以上差があるという phc は 62.1%である.中央値は $c = 0$ の場合で 49.1%である.

ということは中央値は実質的に等しいといってよいのだろうか.このことを確かめるために平均値,中央値,最頻値が ROPE である phc を表 6.7 に示した.ここでも 2 群の指標が等しいという研究仮説が正しい確率は 0 であることが示されている.

100 万円以内を実質的に差がないと考えると中央値の差が ROPE である phc は80.1%であり,120 万円以内を実質的に差がないと考えると 87.4%となる.

表 **6.5** 2 つの対数正規分布の位置の差の事後分布の要約

	EAP	post.sd	0.025	MED	0.975
平均値$_2$ − 平均値$_1$	67.9	11 1	−129	60.5	309
中央値$_2$ − 中央値$_1$	0.298	79.2	−150	−1.76	163
最頻値$_2$ − 最頻値$_1$	−77.5	71.8	−218	−77.3	63.8

表 **6.6** 平均値,中央値,最頻値に差のある phc

c	0	10	20	30
phc(平均値$_2$ − 平均値$_1$ > c)	0.733	0.698	0.660	0.621
phc(中央値$_2$ − 中央値$_1$ > c)	0.491	0.440	0.389	0.342
phc(最頻値$_1$ − 最頻値$_2$ > c)	0.861	0.828	0.789	0.745

表 **6.7** 平均値,中央値,最頻値が ROPE である phc

c	0	50	100	120
phc(| 平均値$_2$ − 平均値$_1$ | < c)	0.000	0.334	0.603	0.685
phc(| 中央値$_2$ − 中央値$_1$ | < c)	0.000	0.482	0.801	0.874
phc(| 最頻値$_2$ − 最頻値$_1$ | < c)	0.000	0.313	0.618	0.722

6.2 対数正規分布による 1 要因実験

前章では鏡映描写課題の逸脱度に関する分析を行った. そこでは 1 人の被験者が利き手で 15 回の試行を行っていた. ここでは 90 人の被験者による 3 つの異なった条件での鏡映描写課題の実験データを示す.

まず第 1 試行は全員利き手で鏡映描写課題を行う. 第 1 試行終了後, 第 1 試行の所要時間をもとに, 被験者をできるだけ等質な 3 つの群に分ける. 各群の実験条件は表 6.8 である. 表 6.9 には各群 30 人分の鏡映描写課題の 15 試行目だけのタイムと逸脱数を示した.

鏡映描写課題で学習, 転移されるものに関して, 以下の 3 つの研究仮説を検証する.

● 仮説 A：鏡映描写課題で学習されるスキルが, 左右の手の区別を超えた運動

表 **6.8** 3 つの群の実験条件

	第 3～12 試行	第 13～15 試行
1. 休憩群	休憩	利き手
2. 非利き手群	非利き手	利き手
3. 利き手群	利き手	利き手

表 **6.9** 鏡映描写課題の群ごとの 15 試行目のタイムと逸脱数

第 1 群				第 2 群				第 3 群			
タイム	逸脱	タイム	逸脱	タイム	逸脱	タイム	逸脱	タイム	逸脱	タイム	逸脱
10.2	0	21.2	3	26.8	1	14.4	1	11.9	0	16.6	2
8.3	0	15.6	0	15.1	2	25.7	1	16.6	1	18.1	0
22.8	0	21.3	2	22.8	2	14.0	0	19.7	1	21.9	0
79.1	1	13.6	0	11.7	1	11.0	0	12.4	0	35.2	1
25.5	0	26.6	0	20.1	1	16.8	0	18.7	0	5.8	0
56.0	2	27.4	1	26.2	0	15.5	1	11.6	0	15.3	0
10.4	0	41.9	1	44.6	2	17.7	0	16.7	0	10.2	1
41.4	0	21.9	4	9.5	0	19.6	0	14.7	0	17.3	1
34.1	0	24.7	5	22.7	0	20.2	0	8.9	0	50.0	1
8.6	1	65.9	1	13.1	0	13.0	0	13.6	0	13.8	0
9.6	0	55.0	2	17.4	0	32.9	1	15.5	2	20.3	0
36.6	1	35.6	0	34.0	3	20.5	0	12.6	0	15.9	0
21.3	0	35.3	2	52.1	0	23.1	0	11.7	0	36.3	0
19.0	2	15.3	1	34.8	1	21.9	0	10.8	1	22.6	0
43.3	2	6.4	1	8.9	0	21.9	0	27.1	0	42.6	0

に関する共通原理を有するならば，非利き手で学習を行っても正の転移が生じるはずである．

- 仮説B：鏡映描写課題で学習されるスキルが，一方の手に特有な運動の原理を有するならば，非利き手で学習するより，利き手だけで学習したほうが正の転移は大きいはずである．

- 仮説C：鏡映描写課題で学習されるスキルが，左右の手の区別を超えた運動に関する共通原理と一方の手に特有な運動の原理から構成されるならば，休憩群より非利き手群，非利き手群より利き手群の成績が良くなるはずである．

群ごとのタイムのボックスプロットを図6.3に示した．3つの群の平均タイムは，第1群28.5秒，第2群21.6秒，第3群18.8秒であった．

分布を観察すると，3つとも正の方向に歪んでいる．これは必ずしも偶然ではない．タイムは正の値しかとらず，0秒という下限がある．また少数の被験者はコースの途中で立ち止まり，目立って測定値が大きくなるためである．

このように，意味があって歪んでいる分布のデータに正規分布を当てはめるこ

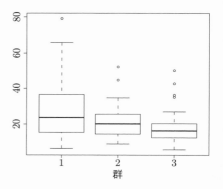

図6.3 鏡映描写課題における群ごとのタイム (秒)

とは必ずしも望ましいことではない．下限が0で正に歪んでいるデータの特徴を表現するためにここでは対数正規分布を群ごとに当てはめる．

第j群 $(j = 1, 2, 3)$ のデータを $\boldsymbol{x}_j = (x_{1j}, \cdots, x_{n_j j})$ と表記する．n_j は第j群のデータ数であり，ここではすべて30である．母数には μ_j, σ_j のように群を表現する添え字をつける．(6.8) 式に準じて事前分布を設定し，事後分布を

$$f(\mu_1, \mu_2, \mu_3, \sigma_1, \sigma_2, \sigma_3 | \boldsymbol{x}_1, \boldsymbol{x}_2, \boldsymbol{x}_3)$$

$$\propto \prod_{j=1}^{3} \left[\prod_{i=1}^{n_j} \log\_normal(x_{ij} | \mu_j, \sigma_j) \right] f(\mu_j) f(\sigma_j) \tag{6.14}$$

のように特定してMCMC法を行う．表6.10に母数と生成量の事後分布の要約を示す．

3つの群それぞれで，(6.7) 式の関係が成り立っていることを確認されたい．図

表 **6.10** 1 要因対数正規分布モデルの母数の事後分布

	EAP	post.sd	0.025	MED	0.975
μ_1	3.153	0.126	2.903	3.153	3.402
μ_2	2.981	0.083	2.816	2.981	3.145
μ_3	2.822	0.090	2.643	2.822	2.999
σ_1	0.685	0.095	0.529	0.675	0.900
σ_2	0.449	0.062	0.347	0.442	0.591
σ_3	0.488	0.068	0.378	0.481	0.642
平均$_1$	30.040	4.512	23.022	29.437	40.582
平均$_2$	21.928	1.969	18.547	21.759	26.296
平均$_3$	19.068	1.875	15.896	18.889	23.250
中央値$_1$	23.588	2.997	18.238	23.398	30.033
中央値$_2$	19.775	1.648	16.713	19.708	23.219
中央値$_3$	16.875	1.524	14.053	16.804	20.074
最頻値$_1$	14.747	2.597	9.455	14.813	19.682
最頻値$_2$	16.126	1.604	12.807	16.179	19.146
最頻値$_3$	13.264	1.473	10.229	13.310	16.014
SD_1	23.771	7.321	14.448	22.253	42.055
SD_2	10.453	2.218	7.254	10.081	15.813
SD_3	9.993	2.241	6.824	9.608	15.474

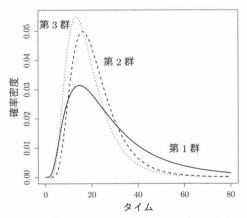

図 **6.4** 鏡映描写課題・群ごとのタイムの分布 (対数正規分布)

6.4 に母数の EAP 推定値を用いて，各群の対数正規分布を示した.

ここでは仮説 A を検討するために，平均値に着目し

$$\mathrm{phc}(c < \text{平均}_{\text{休憩}} - \text{平均}_{\text{非利き手}}) \tag{6.15}$$

を考察する. また仮説 B を検討するために

$$\text{phc}(c < \text{平均}_{非利き手} - \text{平均}_{利き手}) \tag{6.16}$$

を考察する．まず，平均値に群間差があるための必要条件を確認するために，水準間の母平均に差のある確率 ($c = 0$ の場合) を表 6.11 に示した．(6.15) 式は，$c = 0$ の場合で 97.2%である．(6.16) 式は，$c = 0$ の場合で 86.2%である．必要条件は満たしたと考えて，(6.15) 式と (6.16) 式の phc 曲線と phc テーブルを作成する．ただしこの課題は読者にゆだねる (6.8 節).

表 6.11 行 j の水準の平均が列 j' の水準の平均より大きい確率

条件	平均$_{休憩}$	平均$_{非利き手}$	平均$_{利き手}$
平均$_{休憩}$	0.000	0.972	0.996
平均$_{非利き手}$	0.028	0.000	0.862
平均$_{利き手}$	0.004	0.138	0.000

仮説 C を検討するために，同様に平均値に着目し

$$\text{phc}(c_1 < \text{平均}_{休憩} - \text{平均}_{非利き手} \quad かつ \quad c_2 < \text{平均}_{非利き手} - \text{平均}_{利き手}) \tag{6.17}$$

を考察する．必要条件の確認である $c_1 = c_2 = 0$ の場合は生成量

$$u^{(t)}_{\text{平均}_{休憩}>\text{平均}_{非利き手}} \times u^{(t)}_{\text{平均}_{非利き手}>\text{平均}_{利き手}} \tag{6.18}$$

の EAP で評価され，0.835 となった．仮に必要条件は満たしたと考えて，phc 曲線を作成する．ただしこの課題は読者にゆだねる (6.8 節).

6.3 ポアソン分布による 1 要因実験

表 6.9 の鏡映描写課題の逸脱数に関して，群ごとの棒グラフを図 6.5 に示した．3 つの群の平均逸脱数は，第 1 群 1.07，第 2 群 0.63，第 1 群 0.37 であった．分布を観察すると，3 つとも正の方向に歪んでいる．逸脱数は正の離散値しかとらず，0 回という下限がある．このような性質のデータに正規分布を当てはめることは必ずしも望ましいことではない．

図 6.5 のような形状のデータの特徴を表現するために，ここではポアソン分布を利用する．ポアソン分布の母数は λ のみであり，λ は平均値でもあった．

第 j 群 ($j = 1, 2, 3$) のデータを $\boldsymbol{u}_j = (u_{1j}, \cdots, u_{n_j j})$ と表記する．n_j は第 j 群のデータ数であり，ここではすべて 30 である．母数には λ_j のように群を表現

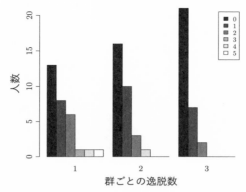

図 **6.5** 鏡映描写課題における群 × 逸脱数ごとの人数の棒グラフ

表 **6.12** 1 要因ポアソン分布モデルの母数の事後分布

	EAP	post.sd	0.025	MED	0.975
λ_1	1.100	0.192	0.757	1.089	1.506
λ_2	0.666	0.149	0.407	0.654	0.985
λ_3	0.401	0.116	0.206	0.390	0.658

する添え字をつける. (6.8) 式に準じて事前分布を設定し, 事後分布を

$$f(\lambda_1, \lambda_2, \lambda_3 | \boldsymbol{u}_1, \boldsymbol{u}_2, \boldsymbol{u}_3) \propto \prod_{j=1}^{3} \left[\prod_{i=1}^{n_j} \mathrm{Poisson}(u_{ij}|\lambda_j) \right] f(\lambda_j) \qquad (6.19)$$

のように特定して MCMC 法を行う. 表 6.12 に母数と生成量の事後分布の要約を示す. 母数の EAP 推定値を用いて, 図 6.6 に各群のポアソン分布を示した.

逸脱数に関して平均値 λ に群間差があるための必要条件を確認するために, (6.15) 式, (6.16) 式に準じて, $c = 0$ の場合の phc テーブルを表 6.13 に示した. $\mathrm{phc}(0 < 平均_{休憩} - 平均_{非利き手}) = 96.5\%$ であり, $\mathrm{phc}(0 < 平均_{非利き手} - 平均_{利き手}) = 92.4\%$ である. 仮説 C を検討するために, 同様に平均値に着目し

$$\mathrm{phc}(c_1 < 平均_{休憩} - 平均_{非利き手} \quad かつ \quad c_2 < 平均_{非利き手} - 平均_{利き手}) \quad (6.20)$$

を考察する. 必要条件の確認である $c_1 = c_2 = 0$ の場合は, 89.3% となった. 必要条件は満たしたと考えて, phc 曲線と phc テーブルを作成する. ただしこの課題は読者にゆだねる (6.8 節).

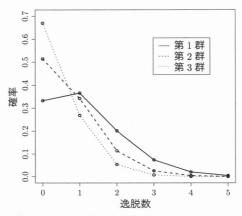

図 6.6 鏡映描写実験・群ごとの逸脱数の分布 (ポアソン分布)

表 6.13 行 j の水準の平均が列 j' の水準の平均より大きい確率

条件	$\lambda_{休憩}$	$\lambda_{非利き手}$	$\lambda_{利き手}$
$\lambda_{休憩}$	0.000	0.965	0.999
$\lambda_{非利き手}$	0.035	0.000	0.924
$\lambda_{利き手}$	0.001	0.076	0.000

6.4 2項分布による 1 要因実験

　先に失語症の会話促進に関する訓練のデータの分析を行った．そこでは 1 人の被験者が 30 回の訓練を行っていた．ここでは各群 30 人ずつの被験者による 3 つの異なった条件での会話促進に関する訓練の実験データを示す．

　第 1 群は入所直後〜30 日まで，第 2 群は入所して 31〜60 日まで，第 3 群は入所して 61〜90 日までの被験者である．表 6.14 には各群 30 人分のある日の「基本語数」と「表現数」が示されている．第 1 群の表現率の平均は 0.341，第 2 群の表現率の平均は 0.512，第 3 群の表現率の平均は 0.617 であった．図 6.7 には群別の表現率をボックスプロットで示した．

　表現率は 0 と 1 が下限と上限なので，観察される比率は，母比率が小さいときには正に歪み，大きいときには負に歪むだろう．このため対称な正規分布では望ましくない．「基本語数」が多い場合には観察される比率の散らばりは小さくなるし，「基本語数」が少ない場合には観察される比率の散らばりは大きくなるから，

表 6.14 会話促進に関する訓練における群ごとの基本語数と表現数

第 1 群				第 2 群				第 3 群			
表現	基本	表現	基本	表現	基本	表現	基本	表現	基本	表現	基本
3	8	5	8	4	8	5	8	8	8	4	8
5	10	2	10	6	10	5	10	6	10	3	10
2	12	6	12	9	12	5	12	7	12	6	12
4	8	0	8	2	8	3	8	5	8	5	8
5	10	4	10	7	10	5	10	6	10	8	10
2	12	5	12	4	12	7	12	9	12	6	12
4	8	2	8	5	8	5	8	5	8	5	8
5	10	5	10	6	10	5	10	4	10	6	10
4	12	5	12	3	12	6	12	6	12	7	12
3	8	3	8	3	8	5	8	4	8	6	8
2	10	2	10	4	10	7	10	7	10	8	10
4	12	3	12	5	12	9	12	8	12	7	12
2	8	4	8	4	8	4	8	6	8	4	8
1	10	2	10	7	10	4	10	6	10	6	10
4	12	3	12	4	12	5	12	9	12	7	12

等分散を仮定する分散分析モデルは適当でない．そこで 3 つの 2 項分布を推定して比較する．

第 j 群 $(j = 1, 2, 3)$ の表現数を $\boldsymbol{u}_j = (u_{1j}, \cdots, u_{30j})$ と表記し，基本語数を $\boldsymbol{n}_j = (n_{1j}, \cdots, n_{30j})$ と表記する．母数には p_j のように群を表現する添え字をつける．区間 [0,1] の一様分布を事前分布に設定し，事後分布を

$$f(p_1, p_2, p_3 | \boldsymbol{u}_1, \boldsymbol{u}_2, \boldsymbol{u}_3)$$

$$\propto \prod_{j=1}^{3} \left[\prod_{i=1}^{30} \mathrm{binomial}(u_{ij} | p_j, n_{ij}) \right] f(p_j) \tag{6.21}$$

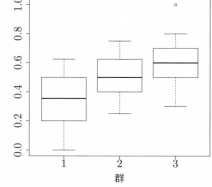

図 6.7 会話促進訓練における群ごとの表現率

のように特定して MCMC 法を行う．表 6.15 に母数と生成量の事後分布の要約を示す．

母比率の事後分布を表 6.15 に示した．また母数の EAP 推定値を用いて，図 6.8 に各群の 2 項分布を示した．

表現率に関して比率に群間差があるための必要条件を確認するために，(6.15) 式，(6.16) 式に準じて，$c = 0$ の場合の phc テーブルを表 6.16 に示した．

表 6.15 1 要因 2 項分布モデルの母数の事後分布

	EAP	post.sd	0.025	MED	0.975
p_1	0.338	0.027	0.286	0.337	0.392
p_2	0.510	0.029	0.454	0.510	0.566
p_3	0.613	0.028	0.557	0.613	0.667

表 6.16 行 j の水準の比率が列 j' の水準の比率より大きい phc

条件	p_1	p_2	p_3
p_1	0.000	0.000	0.000
p_2	1.000	0.000	0.005
p_3	1.000	0.995	0.000

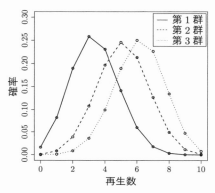

図 6.8 EAP 推定値による各群の 2 項分布

$\mathrm{phc}(0 < p_2 - p_1) = 100\%$, $\mathrm{phc}(0 < p_3 - p_2) = 99.5\%$ である. 必要条件は満たしたと考えて, phc 曲線と phc テーブルを作成する. ただしこの課題は読者にゆだねる (6.8 節).

6.5 正規分布による 1 要因実験 (変量モデル)

最もオーソドックスな正規分布を利用した 1 要因の実験計画モデルは,

$$y_{ij} = \mu_j + e \tag{6.22}$$

$$e \sim \mathrm{normal}(0, \sigma_e) \tag{6.23}$$

である. y_{ij} は水準 j の i 番目の測定値であり, μ_j は水準 j の平均であり, 誤差 e は平均 0, 標準偏差 σ_e の正規分布に従うものとする. 別の表現として

$$y_{ij} \sim \mathrm{normal}(\mu_j, \sigma_e) \tag{6.24}$$

がある.

表 6.17 は, 陸上 100 m 種目の選手 6 名の 10 回のタイムを秒の単位で示したも

表 6.17 陸上 100 m 種目の選手 6 名の 10 回の成績

選手1	11.5	14.0	14.7	11.0	12.8	12.0	13.9	12.9	11.8	13.6
選手2	10.6	10.5	10.1	12.6	10.6	11.6	13.1	11.1	11.9	10.1
選手3	13.4	13.4	13.7	12.1	13.1	14.7	13.0	14.4	13.0	12.8
選手4	13.5	13.6	13.4	14.1	12.1	12.1	14.6	12.2	14.5	11.8
選手5	12.7	13.3	14.0	12.5	13.4	13.0	11.3	10.0	11.4	12.2
選手6	11.9	12.8	13.7	13.1	12.2	12.3	14.0	12.1	12.8	13.7

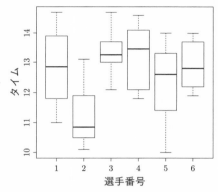

図 6.9 陸上 100 m 種目の選手 6 名の 10 回のタイムのボックスプロット

のである. また図 6.9 には, 表 6.17 の選手ごとのタイムをボックスプロットで示した. このデータを「選手」を要因として, 水準数 (選手数・群数) が 6 で, 繰り返し数 (試技数・群内のデータ数) が 10 である 1 要因の実験データとみなしてよいだろうか.

たとえば「亜硫酸ガスの濃度平均値は季節によって変動するだろうか」という実験では, 要因は「季節」であり, 水準は春夏秋冬の 4 つとなる. 春の効果 a_1 から冬の効果 a_4 までは, それぞれの季節の大気汚染の特徴を表している. この場合は, たとえば「冬が亜硫酸ガス濃度が高い」など, 水準の効果 a_j は, ある意味で固定されていると考えうる.

効果が固定されているという意味で, これを固定効果 (fixed effect) と呼ぶ. 要因が固定効果である (6.24) 式によるモデルを, 固定モデル (fixed model) または固定効果モデル (fixed effect model) という.

それに対して表 6.17 の「陸上 100 m 種目データ」では, 要因は「選手」であり, 水準は 6 名の個々の選手である. μ_j は選手 j の平均的な実力を表現している.「季節」の場合には水準数は常に 4 つであるが,「選手」の場合には水準数は

確定しない. 効果 a_1 は 1 番目の選手の効果である以上の意味がなく, 順番や選手が変われば変動する. 効果が変動するという意味で, これを**変量効果** (random effect) と呼ぶ. 要因が変量効果であるモデルを, **変量モデル** (random model) または**変量効果モデル** (random effect model) という.

変量モデルでは, 上述の固定モデルの仮定に加え, 水準 j の平均が

$$\mu_j \sim \text{normal}(\mu_\mu, \sigma_\mu) \tag{6.25}$$

のような正規分布に従うと仮定する. これは μ_j に事前分布を仮定するということである. これまでは, 特殊な例を除いて, 一様分布を事前分布として利用してきた. しかし母集団から抽出された観測対象 (この場合は選手) の特徴を表現する変量効果の母数の事前分布には正規分布を利用することが多い. 一様分布の場合と異なり, 正規分布を利用すると未知の母数 μ_μ, σ_μ が登場する. これは母数の事前分布の母数という意味で**超母数** (hyperparameter) という. 母数ばかりでなく超母数にも事前分布を設定する. ここでは μ_μ の事前分布としては十分に広い範囲の一様分布, σ_μ と σ_e の事前分布としては十分に広い正の範囲の一様分布とする. $\boldsymbol{y} = \{y_{ij}\}$ とすると事後分布が以下となり, これを用いて MCMC 法を行う.

$$f(\mu_\mu, \sigma_\mu, \sigma_e, \mu_1, \cdots, \mu_6 | \boldsymbol{y})$$
$$\propto \left[\prod_{j=1}^{6} \left[\prod_{i=1}^{10} \text{normal}(y_{ij} | \mu_j, \sigma_e) \right] \text{normal}(\mu_j | \mu_\mu, \sigma_\mu) \right]$$
$$\times f(\mu_\mu) f(\sigma_\mu) f(\sigma_e) \tag{6.26}$$

表 6.17 から計算された母数の事後分布の要約を表 6.18 に示す. また生成量によって説明率

$$\eta^2 = \frac{\sigma_\mu^2}{\sigma_\mu^2 + \sigma_e^2} \tag{6.27}$$

の事後分布を考察する. 説明率は $0.427(0.199)[0.103, 0.847]$ であり, 選手の実力は, データの散らばりの 42.7%を説明している.

表 6.19 に, 必要条件の確認のために, 行の選手の平均 μ_i が列の選手の平均 μ_j より大きい確率を示す. たとえば選手 1 の平均的実力である μ_1 のほうが, 選手 2 の平均的実力である μ_2 より大きい確率 $\text{phc}(\mu_1 > \mu_2)$ は 99.7%である. 同様に $\text{phc}(\mu_1 > \mu_3) = 0.145$, $\text{phc}(\mu_1 > \mu_4) = 0.234$ である.

選手 1 と選手 2 の差に関しては必要条件は満たしたと考えて, $\text{phc}(c < \mu_1 - \mu_2)$ の phc 曲線と phc テーブルを作成する. ただしこの課題は読者にゆだねる (6.8 節).

表 **6.18** 変量モデルの母数の事後分布の要約

	EAP	post.sd	0.025	MED	0.975
μ_1	12.791	0.311	12.178	12.790	13.406
μ_2	11.444	0.351	10.768	11.438	12.152
μ_3	13.248	0.321	12.624	13.248	13.881
μ_4	13.103	0.316	12.483	13.102	13.730
μ_5	12.421	0.313	11.803	12.422	13.035
μ_6	12.824	0.313	12.212	12.824	13.443
σ_e	1.050	0.105	0.869	1.042	1.278
σ_μ	0.991	0.558	0.374	0.859	2.395
μ_μ	12.639	0.478	11.682	12.638	13.594
η^2	0.427	0.199	0.103	0.406	0.847

表 **6.19** 行の選手の平均が列の選手の平均より大きい確率

	選手1	選手2	選手3	選手4	選手5	選手6
選手1	0.000	0.997	0.145	0.234	0.806	0.468
選手2	0.003	0.000	0.000	0.000	0.015	0.002
選手3	0.855	1.000	0.000	0.633	0.970	0.838
選手4	0.766	1.000	0.367	0.000	0.940	0.740
選手5	0.194	0.985	0.030	0.060	0.000	0.175
選手6	0.532	0.998	0.162	0.260	0.825	0.000

6.6 正 誤 問 題

以下の説明で,正しい場合は○,誤っている場合は × と回答しなさい.
1) 対数正規分布の代表値は 最頻値 < 中央値 < 平均値 である.
2) 対数正規分布は収入や年収の分布を精度よく近似することが多い.
3) ポアソン分布の母数は 1 つだけであり,それは平均値であり分散である.
4) 変量効果モデルでは,個々の水準の効果ではなく,水準内と水準間の散らばりの大きさに関心がある.

正解はすべて○

6.7 確 認 問 題

以下の説明に相当する用語を答えなさい.
1) 対数をとったとき,変換後の確率変数が正規分布する確率変数の分布.
2) 同様の実験を行ったときにも,水準の効果は固定されていると仮定するモデル.

3）同様の実験を行ったときには，水準の効果が変化すると仮定するモデル.

4）母数の事前分布の母数.

6.8　実　習　課　題

以下の生成量の phc 曲線と phc テーブルを作成しなさい.

1）6.1.2 項，年収の中央値は c 円より大きい.

2）6.1.3 項，職種 II のほうが職種 I より年収の最頻値が c 円高い.

3）6.2 節，(6.15) 式と (6.16) 式.

4）6.2 節，(6.17) 式の phc テーブルのみ. 曲線は不要.

5）6.3 節，$\mathrm{phc}(c < \text{平均}_{休憩} - \text{平均}_{非利き手})$, $\mathrm{phc}(c < \text{平均}_{非利き手} - \text{平均}_{利き手})$.

6）6.3 節，(6.20) 式の phc テーブルのみ. 曲線は不要.

7）6.4 節，$\mathrm{phc}(c < p_2 - p_1)$, $\mathrm{phc}(c < p_3 - p_2)$.

8）6.5 節，$\mathrm{phc}(c < \eta^2)$, $\mathrm{phc}(c < \mu_1 - \mu_2)$.

7

共分散分析／傾向スコア

■　■　■

7.1　介入研究と観察研究

第 I 巻では「『新学習法』は『旧学習法』より教育効果が高いか否か」という研究テーマを利用し，独立した 2 群の差の実験を学習した．実験によって要因の効果を確認するためには対照実験をする必要があった．対照実験 (control experiment) とは，効果を調べたい要因以外の状態を，実験群と対照群の間で等質にして行う実験である．ここで効果を調べたい要因を**処理** (treatment) という．

では実験群と対照群を用意した段階で，すでに 2 つの群が等質でなかったらどうだろう．たとえば，実験群のほうが対照群よりも平均的な学力がもともと高かったとしたら，期末試験の成績の差は，単なる集団の学力差だったのかもしれない．教授法という処理の違いが原因であると結論付けられない．このようにもともとの集団差と処理差が区別できずに，群間の平均値の差の原因を特定できない状態を**交絡** (confounding) という．交絡を避けるためには被験者を実験群と対照群に**無作為割り当て** (random assignment) することが極めて効果的であり，これを**ランダム化比較試験** (randomized controlled trial, RCT) という．RCT が実現できれば，学力・知能・性格・意欲など，交絡に影響しそうな特性に関して，ほぼ等質な 2 つの群を作ることができ，「期末試験の成績差の原因は学習法の差である」と結論付けられる可能性が高くなる．

無作為な被験者の割り当てに介入した研究を**介入研究** (intervention study) という．乳幼児の行動評定を行う場合など，もっぱら観察が主な研究方法であっても，乳幼児の割り当てを行っていれば介入研究である．それに対して日常の 2 つの学級を実験群と対照群に利用するなど，無作為な被験者の割り当てを行わない研究を**観察研究** (observational study) という．がんの手術法の効果の比較など，**侵襲** (invasion) 性の高い介入が主な研究方法であっても，患者の割り当てを行っ

ていなければ観察研究である．処理の違いが実験結果の違いの原因になっていることを確実に示すためには，RCT による介入研究を実施することが望ましい．

しかし介入研究による対照実験や RCT を実施することは，技術的に，そしてときに倫理的に容易なことではない．本章では，比較的実施が容易な観察研究から処理の効果を確認するための方法を学習する．それは共分散分析法と傾向スコア法である．

7.2　傾きが共通した共分散分析

共分散分析 (analysis of covariance) モデルは 2 種類ある．1 つのモデルは

$$y_{i1} = a_1 + b \times x_{i1} + e_i \tag{7.1}$$

$$y_{i2} = a_2 + b \times x_{i2} + e_i \tag{7.2}$$

$$y_{ij} \sim \mathrm{normal}(a_j + b \times x_{ij}, \sigma_e), \quad j = 1, 2 \tag{7.3}$$

であり，これを「傾きが等しいモデル」または「傾きが共通したモデル」という．また共分散分析では予測変数 x_{ij} のことを**補助変数** (concomitant variable) と呼ぶことが一般的である．回帰係数 b と誤差標準偏差 σ_e が 2 本の回帰直線で共通している．たとえば，$j = 1$ が新教授法，$j = 2$ が従来の教授法としよう．このとき y_{ij} は j 群に振り分けられた i 番目の生徒のポストテストの得点，x_{ij} はプリテストの得点である．

回帰直線の傾きが群間で等しいという仮定は，不自然な仮定のようにも感じられる．異なった群の回帰直線は，一般的には，係数も異なっていると考えられるからである．しかし処理 (この場合は教授法) の効果を単純に解釈する目的にとって「傾きが等しい」という仮定は，後述するように極めて効果的である．

7.2.1　「データ1」の分析

共分散分析の解説には，RCT ではない 3 つのデータを利用する．3 つとも新教授法の効果を検証するために実験群と対照群が用意されている．基準変数は今学期の模試の偏差値であり，ポストテスト (posttest) と呼ぶ．

表 7.1 に「データ1」の平均値を示した．実験群と対照群の期末 (ポストテスト) の平均は，それぞれ 49.6 と 50.5 であり，その差は偏差値で 1.0 に満たない．一見，新教授法には効果がないとも解釈できる結果である．ところが，前学期の模

表 7.1 「データ 1」の平均値

	実験群	対照群
ポストテスト	49.6	50.5
プリテスト	43.6	50.4

表 7.2 「データ 1」の傾きが共通したモデルの母数の事後分布の要約

	EAP	post.sd	0.025	MED	0.975
a_1	13.40	2.56	8.40	13.39	18.38
a_2	8.61	2.95	2.85	8.60	14.36
b	0.83	0.06	0.72	0.83	0.94
σ_e	1.66	0.12	1.45	1.66	1.92

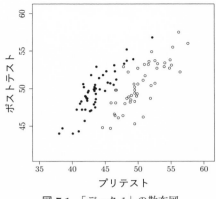

図 7.1 「データ 1」の散布図

試の偏差値 (プリテスト，pretest) を観察すると，実験群と対照群の前学期の平均は，それぞれ 43.6 と 50.4 であり，その差は偏差値で 6.8 もある．この状況を示したのが，図 7.1 である．実験群の●は左に，対照群の○は右に位置し，横軸のプリテストでは対照群の成績が良かったことが分かる．●と○に上下のずれはなく，縦軸のポストテストでは同程度の成績であったことが分かる．

プリテストでは実験群の成績が明らかに悪かったのに，ポストテストではほぼ同じ水準に追いついている．このことは新教授法の効果といえるのではないだろうか．確認するために，傾きが共通な共分散分析を行う．母数 a_1, a_2, b, σ_e の事前分布として適当な一様分布を用い，その事後分布の要約を表 7.2 に示した．

図 7.2 には実験群と対照群の回帰直線を示した．傾きが共通な (等しい) ので，2 本の回帰直線は平行である．(7.1) 式と (7.2) 式の回帰直線は

$$\hat{y}_{i1} = a_1 + b \times x_i \tag{7.4}$$

$$\hat{y}_{i2} = a_2 + b \times x_i \tag{7.5}$$

である．ここではあえて x_{i1} と x_{i2} を同一の記号 x_i で書き直している．$\hat{y}_{i1}$ は生徒 i が新教授法で学習したと仮定した場合の今学期の成績の予測値である．$\hat{y}_{i2}$ は生徒 i が旧教授法で学習したと仮定した場合の今学期の成績の予測値である．その差 $\hat{y}_{i1} - \hat{y}_{i2}$ は，前学期の偏差値が x_i だった生徒にとっての新教授法の効果と解釈できる．

前置きが長くなってしまった．傾きが等しいという仮定が，解釈上とても効果的である理由をここで説明する．回帰係数が等しければ，2 群の予測値の差は x

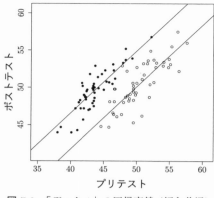

図 **7.2** 「データ 1」の回帰直線 (傾き共通)　図 **7.3** 「データ 1」の切片の差の事後分布

の値によらずに一定の

$$a_1 - a_2 = \hat{y}_{i1} - \hat{y}_{i2} \tag{7.6}$$

であり，補助変数の値 (前学期の成績) とは無関係となる．言い換えるならば，切片の差を，処理の差 (教授法の効果の差) として単純に解釈できる．

(7.6) 式を生成量として求め，事後分布を図 7.3 に示した．要約統計量は 4.8(0.5)[3.8, 5.8] であり，新教授法のほうが前学期の成績によらずに少なくとも偏差値で 3.8 ほどアップできることが期待できる．

RCT によらない実験では基準変数の平均値に差が観察されなくとも，必ずしも処理の効果がないとは限らないことに留意する必要がある．

7.2.2 「データ 2」の分析

表 7.3 に「データ 2」の平均値を示した．実験群と対照群の期末 (ポストテスト) の平均は，それぞれ 55.7 と 50.0 であり，その差は偏差値で 5.7 もある．

一見，新教授法には絶大な効果があるとも解釈できる結果である．ところが，前学期の模試の偏差値 (プリテスト) を観察すると，実験群と対照群の前学期の平均は，それぞれ 55.3 と 49.8 であり，その差は 5.5 もある．

この状況を示したのが，図 7.4 である．実験群の●は右上に位置し，対照群の○は左下に位置している．要するに実験群の生徒はもともと平均的に学力が高かったのであり，必ずしも新学習法の効果はなかったのかもしれない．

このことを確認するために，傾きが共通な共分散分析を行う．母数 a_1, a_2, b, σ_e の事前分布として適当な一様分布を用い，その事後分布の要約を表 7.4 に示した．

表 7.3 「データ 2」の平均値

	実験群	対照群
ポストテスト	55.7	50.0
プリテスト	55.3	49.8

表 7.4 「データ 2」の傾きが共通したモデルの母数の事後分布の要約

	EAP	post.sd	0.025	MED	0.975
a_1	9.67	3.04	3.71	9.66	15.63
a_2	9.10	2.73	3.73	9.10	14.48
b	0.82	0.05	0.71	0.82	0.93
σ_e	1.54	0.11	1.34	1.53	1.78

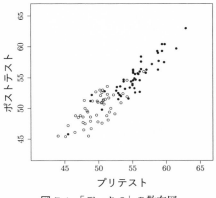

図 7.4 「データ 2」の散布図

図 7.5 には実験群と対照群の回帰直線を示した．傾きが共通な (等しい) ので，2 本の回帰直線は平行であるが，ほとんど重なっていることが目視できる．

切片の差の事後分布を図 7.6 に示した．要約統計量は 0.6(0.4)[−0.3, 1.4] であり，正の値であることは確信できない．実質的に切片が同じであることを示すためには ROPE の phc を求める．ROPE が「偏差値の差が ±1 以内」であるとき phc では 0.844 であった．ROPE が「偏差値の差が ±1.5 以内」であるとき phc では 0.985 であった．

RCT によらない 1 変数 2 群の実験では，仮に基準変数の平均値の差が明確であっても，必ずしも処理の効果があるとは限らないことに留意する必要がある．

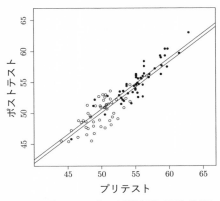

図 7.5 「データ 2」の回帰直線 (傾き共通)

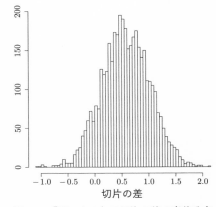

図 7.6 「データ 2」の切片の差の事後分布

7.3　傾きが異なる共分散分析

共分散分析のもう一つのモデルは

$$y_{i1} = a_1 + b_1 \times x_{i1} + e_i \tag{7.7}$$

$$y_{i2} = a_2 + b_2 \times x_{i2} + e_i \tag{7.8}$$

$$y_{ij} \sim \text{normal}(a_j + b_j \times x_{ij}, \sigma_e), \quad j = 1, 2 \tag{7.9}$$

であり，これを「傾きが異なるモデル」と呼ぶ．このモデルは，2つの群に別々に単回帰分析を行っただけのようにも思えるが，誤差標準偏差が共通している点で異なっている．

たとえば，$j = 1$ が新教授法，$j = 2$ が従来からの教授法としよう．このとき y_{ij} は j 群に振り分けられた i 番目の生徒のポストテストの得点，x_{ij} はプリテストの得点である．

回帰直線の傾きが異なったら，一般的には

$$a_1 - a_2 \neq \hat{y}_{i1} - \hat{y}_{i2} \tag{7.10}$$

であり，切片の差は特別な意味をもたなくなる．補助変数の値が変化するのに伴って，予測値の差も変化する．ある点を境に差の正負すら逆転してしまう．したがって2群の相違を考察するためには，補助変数の変化に伴って予測値の差がどのように変化するかを調べる必要が生じる．

7.3.1　「データ3」の分析

表7.5に「データ3」の平均値を示した．実験群と対照群の期末 (ポストテスト) の平均は，それぞれ 50.1 と 49.8 であり，ほぼ同じといってよい．実験群と対照群の前学期の平均は，それぞれ 49.9 と 50.0 であり，実験前の平均的学力レベルもほぼ同じといってよい．では新教授法の教育効果は旧教授法と同程度なのだろうか．散布図を図 7.7 に示す．

母数の事前分布として適当な一様分布を用い，傾きが異なる共分散分析を行った．事後分布の要約を表 7.6 に示し，図 7.8 には実験群と対照群の回帰直線を示した．傾きが共通でないので2本の回帰直線は平行ではない．

実験群の傾きは 0.31(0.04)[0.23, 0.40] であり対照群の傾きは 1.63(0.05)[1.54, 1.72] であり，明確に対照群の傾きが大きい．散布図では，実験群の●は横に散布

表 7.5 「データ 3」の平均値

	実験群	対照群
ポストテスト	50.1	49.8
プリテスト	49.9	50.0

表 7.6 「データ 3」の傾きが異なるモデルによる母数の事後分布の要約

	EAP	post.sd	0.025	MED	0.975
a_1	34.41	2.24	30.01	34.41	38.80
a_2	−31.53	2.34	−36.15	−31.53	−26.93
b_1	0.31	0.04	0.23	0.31	0.40
b_2	1.63	0.05	1.54	1.63	1.72
σ_e	0.98	0.07	0.85	0.97	1.13

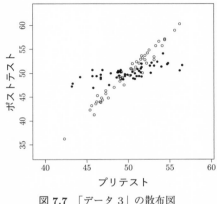

図 7.7 「データ 3」の散布図

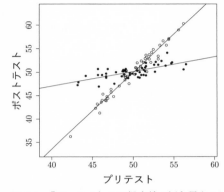

図 7.8 「データ 3」の回帰直線 (傾き異なる)

し，それと比較して対照群の○は縦に散布している．新教授法は低学力の生徒の学力を著しく向上させる代わりに，それと比較して高学力の生徒の学力を向上させるわけではないという特徴が見られる．

補助変数の値の違いによる処理の効果を考察する場合には予測値の差

$$d_{\hat{y}}(x)^{(t)} = \hat{y}_1^{(t)} - \hat{y}_2^{(t)} \tag{7.11}$$

$$= (a_1^{(t)} + b_1^{(t)} \times x) - (a_2^{(t)} + b_2^{(t)} \times x) \tag{7.12}$$

$$= a_1^{(t)} - a_2^{(t)} + (b_1^{(t)} - b_2^{(t)}) \times x \tag{7.13}$$

という生成量を構成する．この生成量は任意の x の値で計算できるから添え字 i がない．図 7.9 には，$d_{\hat{y}}(x_{min})$ から $d_{\hat{y}}(x_{max})$ までを 30 等分して，30 個の事後分布を求め，その EAP 推定値を実線で，95%両側確信区間を破線で結んで描いた．また予測値の差が 0 である水平の補助線を引いた．$x < 50$ では新教授法の教育効果が高く，$x > 50$ では旧教授法の教育効果が高いことが示されている．

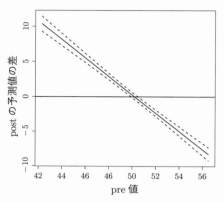

図 **7.9**　「データ 3」の予測値の差の点推定値と 95%予測区間

7.3.2　「データ 1」と「データ 2」の再分析

　2 本の回帰直線の傾きが明らかに異なるデータに対して，傾きが共通したモデルを当てはめてしまっては，その特徴を表現することができずに，見逃してしまうことになる．では逆に，傾きが共通したモデルで分析した「データ 1」と「データ 2」を，傾きが異なるモデルで分析したらどうなるだろうか．

　図 7.10 と図 7.11 には「データ 1」の回帰直線と予測値の差の点推定値と 95%予測区間を示した．傾きが等しいモデルにおける切片の差の EAP は 4.8 であったが，縦軸の値が 4.8 である水平線は 95%予測区間に完全に含まれている．このこ

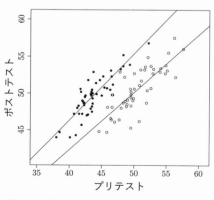

図 **7.10**　「データ 1」の回帰直線（傾き異なる）

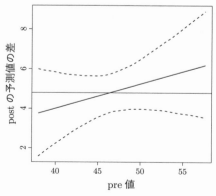

図 **7.11**　「データ 1」の予測値の差の点推定値と 95%予測区間

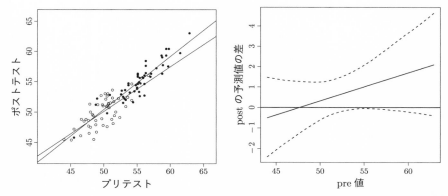

図 **7.12**　「データ 2」の回帰直線（傾き異なる）　　図 **7.13**　「データ 2」の予測値の差の点推定値と 95%予測区間

とから「データ 1」に関しては傾きが共通したモデルを当てはめることが不適切ではなかったと解釈される.

　図 7.12 と図 7.13 には「データ 2」の回帰直線と予測値の差の点推定値と 95%予測区間を示した. 傾きが等しいモデルにおける切片の差の確信区間は 0 を含んでおり, 効果に差があるとは確信できなかった. 縦軸の値が 0.0 である水平線は 95%予測区間に完全に含まれている. このことから「データ 2」に関しては傾きばかりでなく, 切片にも差が見出されないという解釈が, ここでも支持されている.

7.3.3　傾きの差の事後分布

　傾きが共通なモデルと傾きが異なるモデルのどちらを適用すべきかの判断に迷ったら, まずは傾きが異なるモデルを適用する. 次に生成量として傾きの差

$$b_1^{(t)} - b_2^{(t)} \tag{7.14}$$

の事後分布を考察する.

　表 7.7 に傾きの差の事後分布の要約を示す. 確信区間が 0 を含んでいないのは「データ 3」であり, 傾きが異なるモデルを適用することが正しかったと示唆されている. それに対して「データ 1」と「データ 2」は, 確信区間が 0 を含んでおり, 必ずしも異なっているとはいえない.

表 7.7 傾きの差の事後分布の要約

	EAP	post.sd	0.025	MED	0.975
「データ 1」	0.128	0.118	−0.104	0.128	0.361
「データ 2」	0.135	0.113	−0.087	0.135	0.359
「データ 3」	−1.314	0.065	−1.441	−1.314	−1.186

7.4 傾 向 ス コ ア

基準変数「今学期の成績」に影響を与える変数は，実は「知能」や「性別」や
「家庭の年収」や「両親の教育レベル」など，たくさん考えることができる．観
察研究において潜在的な交絡要因となりうるこのような変数を共変量 (covariate)
という．ただし「前学期の偏差値」をそれら共変量の影響の結果と考えることは
無理ではなく，たった1つで有効な補助変数となりえている．

しかしそれはむしろまれな例外であり，ほとんどの観察研究では有効な補助変
数を1つ (少数) に絞ることができない．実際の研究場面では多数の共変量が残さ
れる．多くの群分けや基準変数に影響を与える共変量がある場合に，観察研究か
らの知見を介入研究からの知見に近づけるための方法として，近年，利用が急増し
ている方法に Rosenbaum and Rubin (1983)[1] によって提案された傾向スコア
(propensity score) がある．傾向スコアの分かりやすい解説には康永ら (2018)，
詳しい解説には星野 (2009)，岩崎 (2015)[2] がある．

7.4.1 定義と推定

基準変数が実験群 $j = 1$ と対照群 $j = 2$ で測定される状況 y_{ij} を考える．観察
研究では群への割り付けは無作為でなく，p 次元の共変量 $\boldsymbol{z}_i = (z_{i1}, \cdots, z_{ip})$ と
は必ずしも独立ではない．このとき共変量を所与とした場合に被験者 i が実験群
に割り当てられる条件付き確率

---

[1] Rosenbaum, P. and Rubin, D. (1983) The central role of the propensity score in
observational studies for causal effects. *Biometrika*, **70**(1), 41–55.

[2] 康永秀生ら (2018)『できる！ 傾向スコア分析 SPSS・Stata・R を用いた必勝マニュアル』，金
原出版.
星野崇宏 (2009)『調査観察データの統計科学—因果推論・選択バイアス・データ融合—』(シリー
ズ確率と情報の科学)，岩波書店.
岩崎学 (2015)『統計的因果推論』，朝倉書店.

$$e_i = p(j = 1|\boldsymbol{z}_i) \tag{7.15}$$

を傾向スコアという．傾向スコアとは $\boldsymbol{z}_i$ という傾向をもった被験者 i が実験群に割り当てられる確率であり，言い換えるならば実験群に割り当てられる傾向のスコアである．被験者 i が対照群に割り当てられる確率は $1 - e_i$ である．

傾向スコアの推定にはさまざまな方法[3]が考えられるが，ロジスティック回帰分析法

$$e(\boldsymbol{z}_i) = \frac{1}{1 + \exp-(\alpha + \beta_1 z_{i1} + \cdots + \beta_p z_{ip})} \tag{7.16}$$

が利用されることが多い．

7.4.2 データの説明

表 7.8 は新教授法の教育効果を調べるために行った実験データである．ある学習塾の既存のクラスを利用し，無作為割り当ては行っていないので，介入研究ではなく，観察研究である．

「群」は，1：実験群 (86 名)，2：対照群 (64 名) である．$n = 150$.

「成績」は偏差値であり，これが基準変数 y_{ij} である．

「高校」は生徒の在籍校であり，3：進学校，2：中堅校上，1：中堅校下である．

「収入」は生徒の家庭の年収であり，1：300 万円未満，2：300〜500 万円未満，

表 7.8　学習塾の既存のクラスを利用した新教授法の効果の検証実験データ

群	成績	高校	収入	母教育	父教育
1	55.3	2	3	3	4
1	56.0	3	5	4	3
1	55.1	3	3	4	3
1	54.5	2	1	2	1
1	55.3	2	3	3	2
1	53.8	3	4	3	3
...	...	...	...	...	...
2	50.6	2	3	2	3
2	51.4	2	2	2	2
2	51.8	2	4	3	2
2	50.6	2	2	2	1
2	50.8	2	3	2	2
2	51.4	2	2	2	1

---

[3]　たとえばニューラルネットで傾向スコアを推定することもできる．豊田秀樹ら (2007) 傾向スコア重み付け法による調査データの調整—ニューラルネットワークによる傾向スコアの推定—. 行動計量学, **34**(1) 101–110.

3：500〜700万円未満，4：700〜1000万円未満，5：1000万円以上である．
「母教育」と「父教育」は生徒の親の学歴であり，1：高校卒業以下，2：専門
学校・短大卒，3：大学卒，4：大学院修士修了かそれ以上である．

表7.9に各変数の実験群と対照群の平均値を示す．まず「成績」は偏差値で約
3ほど実験群の成績が良い．しかし観察研究であるから，この成績差をすぐに新
教授法の効果であると考えることはできない．「高校」の平均値を比較すると実験
群のほうが高い．「収入」も「母教育」も「父教育」も実験群のほうが高い．「成
績」の群間差は，それらの共変量の差の効果なのであり，もしかしたら新教授法
の効果ではないのかもしれない．

表 7.9　実験群と対照群の平均値

群	成績 y	高校 z_1	収入 z_2	母教育 z_3	父教育 z_4
実験群	54.5	2.4	3.5	2.9	2.5
対照群	51.6	1.9	2.9	2.1	2.0

7.5　傾向スコアによる調整

7.5.1　ロジスティック回帰
上述の4つの共変量から，以下のロジスティック回帰

$$e(z_i) = \frac{1}{1 + \exp-(\alpha + \beta_1 高校 + \beta_2 収入 + \beta_3 母教育 + \beta_4 父教育)} \quad (7.17)$$

を利用して，傾向スコアを推定する．

ここでは4つの変数をすべて間隔尺度として扱った．しかし，たとえば「高校」
の平均的学力差が明確でない場合は名義尺度として扱い，当該高校に通っていれ
ば1，通っていなければ0の値をとる3つの0-1変数を作り，

(1) 3つの0-1変数の係数 β の和が0になるように制約を入れる，

(2) 任意の1つの0-1変数を除き，2つの0-1変数にする，

などの方法がある．

7.5.2　共分散分析
(7.17) 式には4つも予測変数があるから係数の符号や絶対値は解釈してはなら
ない．実際に傾向スコアを使った研究では，似たような変数を共変量に選ぶこと
によって多重共線性が生じる場合も少なくない．しかしそれは傾向スコアの推定

に悪影響を及ぼさないことが知られている.

傾きが共通した共分散分析の補助変数として傾向スコアを用い

$$y_i = a_{j(i)} + b \times e(\boldsymbol{z}_i) + e_i \tag{7.18}$$

とする. 尤度は

$$f(\boldsymbol{y}, \boldsymbol{u}|\boldsymbol{\theta}) = \prod_{i=1}^{n} \text{Bernoulli}(u_i|e(\boldsymbol{z}_i)) \times \text{normal}(a_{j(i)} + b \times e(\boldsymbol{z}_i), \sigma_e) \tag{7.19}$$

である. ここで u_i は, 実験群の生徒は 1, 対照群の生徒は 0 とする. $\boldsymbol{\theta}$ はロジスティック回帰と 2 本の単回帰の切片と傾き, そして傾向スコアである. 母数の事前分布は十分に広い適当な一様分布として, 事後分布を近似する.

7.5.3 未測定交絡因子

傾向スコアによる疑似ランダム化 (pseudo–randomization) が成功するか否かは, 用意した共変量以外に重大な交絡変数 (これを未測定交絡因子 (unmeasured confounders) という) がないかどうかにかかっている. このため実際の調査研究では, 未測定交絡因子を取りこぼさないように, 研究目的によって「年齢」「性別」「子供の年齢」「同居形態」「居住地域」「職業」「勤務先」「役職」「勤め先従業員数」「インターネット接続時間」などたくさんの共変量を用意する.「居住地域」「職業」「勤務先」は名義尺度として多数の 0-1 変数になることが多いから, 共変量の数は 30 以上になることも珍しくない[*4)].

(7.19) 式のモデルでは, 一人ひとりの傾向スコア (150 人分) が母数である. 分析で用意した $\boldsymbol{z}$ の共変量としての効果は, 傾向スコアによる群の分離の度合いに現れるので, 通常は 2 つの図を描くことが多い. 1 つは群別の傾向スコアのヒストグラムである. 黒い柱が実験群の EAP 推定値, グレーの柱が対照群の EAP 推定値とし, 階級幅 0.1 で区間 [0, 1] のヒストグラムを図 7.14 に示した. 傾向スコアの大きな生徒は実験群に, 小さな生徒は対照群に割り当てられる傾向があることが観察される.

7.5.4 敏感度・特異度

もう 1 つは **ROC 曲線** (receiver operating characteristic curve, 図 7.15) である. 傾向スコアを動かしながら, 仮にそこを実験群と対照群の判別のカット点と

[*4)] 詳しくは, たとえば前掲, 豊田ら (2007) など参照のこと.

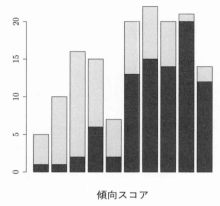

図 **7.14** 群別の傾向スコアのヒストグラム

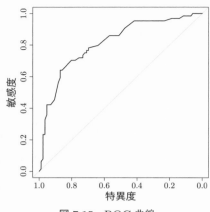

図 **7.15** ROC 曲線

したときに，**敏感度** (sensitivity, 実験群の被験者を正しく実験群と判定する確率，縦軸) と**特異度** (specificity, 対照群の被験者を正しく対照群と判定する確率，横軸) とを同時にトレースして曲線を描く．これが ROC 曲線である．

　右上の出発点では「傾向スコアが 0.0 以上は実験群，それ未満は対照群」と判定する．要するに全員実験群と判定するのだから，敏感度は 1.0，特異度は 0.0 である．左下の終点では「傾向スコアが 1.0 以上は実験群，それ未満は対照群」と判定する．要するに全員対照群と判定するのだから，敏感度は 0.0，特異度は 1.0 である．途中の点では「傾向スコアが c 以上は実験群，それ以外は対照群」と判定し，敏感度と特異度をトレースしている．

7.5.5　AUC

　傾向スコアが群の判別に有効であれば，この曲線は 45 度の線から左上に離れる．離れれば離れるほど敏感度と特異度が同時に高くなるのだから，有効な判別である．このため曲線の下側の面積 **AUC** (area under the curve) が傾向スコアの判別の基準として解釈できる．これを c 統計量 $(0.5 \leq c \leq 1.0)$ といい，c 統計量は 0.6 から 0.9 くらいの間にあるとよいとされる．

　c 統計量が 0.6 より小さい場合には，共変量が群をほとんど識別していないので，そもそも傾向スコアを使う意味がないし，未測定交絡因子が存在している可能性も高い．逆に c 統計量が 0.9 より大きい場合には，実験群と対照群はまったく違った集団である可能性が高く，同じような被験者が実験群か対照群に割り当てられた際の情報が少ない可能性が高い．図 7.15 の c 統計量は点推定値が 0.81，

95%の区間推定で [0.74, 0.88] であり，必要条件を満たしている．

ただし重要な影響を与える未測定交絡因子がないことを積極的に示す指標や分析法はない (必要十分条件はない) ということには留意しなくてはいけない．疑似ランダム化が成功しているか否かを判断するためには，観測された共変量に関する実質科学的な考察が必要である．

7.5.6　推 定 結 果

図 7.16 は，傾向スコアのみを補助変数とした共分散分析 (傾きが共通のモデル [*5)]) の散布図である．●が実験群，○が対照群の生徒である．横軸には傾向スコアの EAP 推定値を配している．実験群の切片のほうが大きいので，新教授法に効果があると判定してよいだろうか．

表 7.10 に，傾向スコアを共変量とした共分散分析の母数の事後分布の要約を示した．切片は a_1 が 52.42(0.33)[51.73, 53.02] と a_2 が 50.43(0.28)[49.80, 50.91] のように推定され，95%確信区間は重なってはいない．

補正をする前の表 7.9 によれば，実験群の偏差値の平均が約 4 大きかったが，実験群のほうが有利な条件の家庭の生徒が多く，その差をそのまま新教授法の効果と解釈することには無理があった．しかし傾向スコアによる調整によって，新教授法の平均的な効果は偏差値で約 2 であることが示唆された．

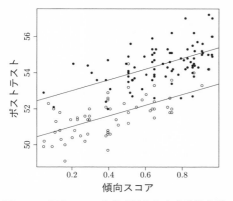

図 **7.16**　傾向スコアを共変量とした共分散分析

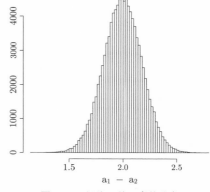

図 **7.17**　切片の差の事後分布

[*5)]　本来は傾向スコアを補助変数とする場合にも，傾きの異なる共分散分析を試みるべきであるが，実践的には最初から傾きが共通のモデルのみを適用することが，多いようである．ここでは紙面の関係で傾きの異なる共分散分析は割愛する．

表 7.10   傾向スコアを共変量とした共分散分析の母数の事後分布の要約

	EAP	post.sd	0.025	MED	0.975
a_1	52.42	0.33	51.73	52.44	53.02
a_2	50.43	0.28	49.80	50.45	50.91
b	2.97	0.48	2.14	2.93	4.03
σ_e	0.90	0.05	0.80	0.89	1.01
α	-5.53	1.02	-7.64	-5.49	-3.64
β_1	0.82	0.28	0.32	0.80	1.43
β_2	0.46	0.14	0.20	0.45	0.75
β_3	1.00	0.26	0.54	0.99	1.55
β_4	0.05	0.19	-0.33	0.05	0.41
$e(\boldsymbol{z}_1)$	0.66	0.07	0.51	0.66	0.79
$e(\boldsymbol{z}_2)$	0.96	0.02	0.90	0.97	0.99
$e(\boldsymbol{z}_3)$	0.91	0.04	0.81	0.92	0.97
$e(\boldsymbol{z}_4)$	0.21	0.06	0.10	0.20	0.34

図 7.17 に切片の差の事後分布を示した. 2.0 付近を中心に分布し, 0.0 からは
離れている. 偏差値 ±1 は実質的に等価であるという意味で, 「実験群と対照群の
切片は ROPE である」という研究仮説が正しい確率 (phc) は, 有効数字 3 桁で
0.000 であった.

7.5.7   その他の方法

前節までは共分散分析を利用した**傾向スコアによる調整** (propensity score ad-
justment) について学習した. 傾向スコアは他にも観察研究からデータを疑似ラ
ンダム化する方法として以下の方法が提案されている.

- **層別解析** (stratification)

  傾向スコアの大きさによって, たとえば (0,0.2], (0.2,0.4], (0.4,0.6], (0.6,0.8],
  (0.8,1.0) のような 5 つの層分け ($s = 1, \cdots, 5$) を行う. 層内のデータ数が
  $n_s(n_1 + \cdots + n_5 = n)$ とする. 層内で実験群と対照群の平均値の差を求め,
  層内のデータ数の重み付き平均

$$\sum_{s=1}^{5} \frac{n_s}{n} (\bar{y}_{1s} - \bar{y}_{2s}) \tag{7.20}$$

  で処理の効果を推定する方法である.

- **キャリパーマッチング** (caliper matching)

  実験群と対照群の傾向スコアの差がある一定の幅 (これをキャリパーという)
  以内に収まっている被験者をペアにして, その差の平均を処理の効果の推定
  値とする. キャリパーとしては, たとえば傾向スコアの標準偏差の 0.2 倍な

どが用いられる.

他にも逆確率による重み付け (inverse probability weighting, IPW) が提案されている. IPW 法の理論的解説には前掲の星野 (2009), 岩崎 (2015) を, 応用例には前掲の豊田ら (2007) を参照されたい.

7.6 正 誤 問 題

以下の説明で, 正しい場合は○, 誤っている場合は × と回答しなさい.
1) 乳幼児の行動評定を行う場合など, もっぱら観察が主な研究方法であっても, 乳幼児の割り当てを行っていれば介入研究である.
2) がんの手術法の効果の比較など, 侵襲性の高い介入が主な研究方法であっても, 患者の割り当てを行っていなければ観察研究である.
3) 介入研究による対照実験や RCT を実施することは, 技術的に, そしてときに倫理的に容易なことではない.
4) 共分散分析 (analysis of covariance) モデルには「傾きが等しいモデル」と「傾きが異なるモデル」の 2 種類がある.
5) 共変量を所与とした場合に, 被験者 i が実験群に割り当てられる条件付き確率を被験者 i の傾向スコアという.
6) 傾向スコアによる疑似ランダム化が成功するか否かは, 用意した共変量以外に重大な交絡変数がないかどうかにかかっている.

正解はすべて○

7.7 確 認 問 題

以下の説明に相当する用語を答えなさい.
1) 比較したい要因以外の状態を, 実験群と対照群の間で同じに (等質に) して行う実験.
2) もともとの集団差と処理差が区別できずに, 群間の平均値の差の原因を特定できない状態.
3) 交絡を避けるために被験者を実験群と対照群に無作為に割り当てる試験.
4) 無作為な被験者の割り当てに介入した研究.
5) 無作為な被験者の割り当てを行わない研究.
6) 共分散分析における予測変数の別名.
7) 観察研究において潜在的な交絡要因となりうる変数.
8) 用意した共変量以外の重大な交絡変数.

9) 実験群の被験者を正しく実験群と判定する確率.
10) 対照群の被験者を正しく対照群と判定する確率.

7.8　実　習　課　題

　傾向スコアを利用して観察研究から因果関係的考察を行っている論文を検索し，以下を報告せよ.

1) 題名・著者・その他書誌の詳細.
2) なぜ，RCT ができず，観察研究なのか.
3) 基準変数・共変量・分析方法が分かるように，目的・方法の章を要約して報告せよ.
4) 当該研究の結果と考察の章を要約して報告せよ.
5) 当該研究の未測定交絡因子としては，どのような変数が考えられるか.

8 さらに進んだ実験計画

■ ■ ■

第 I 巻では，独立した 1 要因・2 要因の実験計画モデルを学習した．また第 6 章では，独立した 1 要因の実験計画を再考した．そこでは正規分布に限定しない分析を試み，固定効果と変量効果の区別が登場した．本章では再び正規分布に限定し，4 種類の実験要因の扱いを紹介する．それは「対応ある 1 要因」「ネストした 1 要因」「対応ある 2 要因」「混合した 2 要因」である．

8.1　対応ある 1 要因の推測

本節で扱う実験計画はランダムブロック計画 (randomized block design)[1]，被験者内計画 (within–subjects design)[2]，反復測定計画 (repeated measures design) など，さまざまな呼び名をもつ．

8.1.1　触 2 点閾の感覚実験

コンパスなど先の尖ったものを同時に 2 カ所の皮膚表面に触れさせることを考える．このとき，先端の 2 点の間隔がある程度以上に広ければ 2 点と感じられ，間隔が狭いと 1 点と感じられる．触覚的に 2 点が 2 点として弁別されるために必要な 2 点間隔の臨界値を触 2 点閾 (two–point threshold) もしくは 2 点弁別閾 (two–point discrimination threshold) という．

スピアマン式触覚計により身体の 3 部位 (上腕外側部，前腕外側部，手背部) での 20 人の触 2 点閾を測定し，表 8.1 に示した．また図 8.1 には部位ごとの触 2 点閾の測定値を箱ひげ図で示した．20 名の平均値は，上腕外側部が 3.0 mm，前腕外側部が 2.1 mm，手背部が 1.4 mm である．末端に近いほど，感覚が鋭敏になっ

---

[1]　乱塊計画，乱塊法と訳される場合もある．
[2]　被験者内 1 要因計画 (within–subject 1 factorial design) や実験参加者内計画 (within–participants design) ともいう．

表 **8.1**　触 2 点閾の感覚実験データ

被験者	上腕外側部	前腕外側部	手背部	被験者	上腕外側部	前腕外側部	手背部
1	3.0	1.4	0.6	11	3.6	3.1	1.6
2	3.1	2.0	1.4	12	2.0	2.1	2.0
3	3.2	2.2	1.8	13	2.4	2.0	0.9
4	1.2	0.4	0.7	14	3.4	1.6	0.9
5	3.4	2.4	1.7	15	2.7	1.9	0.8
6	2.9	2.2	1.1	16	3.9	2.0	1.5
7	4.0	3.1	2.3	17	3.6	3.6	2.8
8	4.3	2.1	2.2	18	3.7	3.2	1.8
9	2.2	2.2	1.4	19	2.1	0.7	0.8
10	2.3	1.9	1.6	20	2.9	1.8	0.7

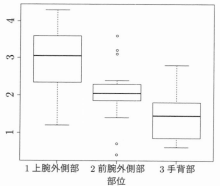

図 **8.1**　触 2 点閾の測定値 (部位ごと mm)

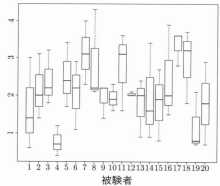

図 **8.2**　触 2 点閾の測定値 (被験者ごと mm)

ている.

　水準「上腕外側部」「前腕外側部」「手背部」の性質を考えると,要因「部位」は固定効果として扱うのが妥当であろう. しかし独立した 1 要因の固定効果モデルで分析するのは適当ではない.

　なぜならば表 8.1 から分かるように,それぞれの部位 (水準) の測定値は,共通した 20 名の被験者から測定されているからである. 図 8.2 には被験者ごとの箱ひげ図を示した. 触 2 点閾の狭い敏感な被験者と,広い鈍感な被験者が存在することは明らかである. したがって水準間の測定は独立とはいえない. もちろん「被験者」はその実験のためだけに一時的に集められたブロック要因であり,変量効果である.

8.1.2　モデルの命名に関して

このモデルがランダムブロック計画と呼ばれる理由を説明しよう．ブロックとは，元来，畑の区画を表す言葉である．たとえば 3 種類のトウモロコシの中で最も収量の多い品種を見つけることが実験の目的であるとしよう．仮に 20 区画のブロックを実験に利用すると，あるブロックは土が肥えていて，別のブロックは痩せているかもしれない．日当たりのよいブロックもあるし，日当たりの悪いブロックもあるだろうから，収量は品種ばかりでなくブロックの影響も受ける．つまりブロックは**系統誤差** (systematic error) の 1 種と考えられる．

ブロックごとにトウモロコシの品種を均等に割り付けても，系統誤差の影響を受けることに変わりはない．系統誤差がブロックとして混入している状態において，ブロック自身を要因として取り上げることで実験の精度が上がることを発見したのは，R. A. フィッシャーである．このテクニックは農場実験以外の分野でも有効だったので，ブロックという言葉は，本来の畑の区画という意味を離れて，「興味の対象となっている要因以外の条件に関して均一であるような実験単位」を指すために用いられるようになった．

心理学では被験者が系統誤差を生む (触 2 点閾が広い人も狭い人もいる) ことが多いので，しばしば被験者をブロック要因として利用する．この場合は「品種」の代わりに「部位」，「区画」の代わりに「被験者」である．このため**被験者内計画**と呼ばれる．また医学の分野では，同一の患者から繰り返して測定を行うことが多いので，しばしば**反復測定計画**と呼ばれる．

8.1.3　モデル構成・事後分布

ランダムブロック計画のモデルは

$$y_{jk} = \mu_j + s_k + e_{jk} \tag{8.1}$$

$$e_{jk} \sim N(0, \sigma_e) \tag{8.2}$$

$$s_k \sim N(0, \sigma_s) \tag{8.3}$$

とする．ここで μ_j は水準 j の平均 (j 番目の部位の触 2 点閾) であり，s_k はブロック k の効果 (k 番目の**被験者** (subject) の非鋭敏さ) である．(8.3) 式では，母数 s_k に事前分布を仮定している．σ_s は母数の事前分布の母数だから超母数である．μ_j と σ_e と σ_s の事前分布としては十分に広い適当な一様分布を用いる．$\boldsymbol{y} = \{y_{jk}\}$，$\boldsymbol{\mu} = \{\mu_j\}$，$\boldsymbol{s} = \{s_k\}$ とすると事後分布は以下となる．

$$f(\boldsymbol{\mu}, \boldsymbol{s}, \sigma_e, \sigma_s | \boldsymbol{y}) \propto \left[\prod_{k=1}^{20} \left[\prod_{j=1}^{3} \mathrm{normal}(y_{jk} | \mu_j + s_k, \sigma_e) \right] \mathrm{normal}(s_k | 0, \sigma_s) \right]$$

$$\times f(\boldsymbol{\mu}) f(\sigma_e) f(\sigma_s) \tag{8.4}$$

8.1.4 説明率・PHC

表 8.2 に母数と生成量の事後分布の要約を示す. ここで μ と σ_μ は, 生成量であり, μ_j の平均と標準偏差である. 触 2 点閾の平均は 2.2 cm であり, 部位によって平均的に 0.64 cm 散らばる. 触 2 点閾の個人差は平均的に $\sigma_s = 0.62$ cm である. 被験者の非鋭敏性の点推定値は $s_1 \sim s_{20}$ まで順に

$$\{s_i\} = (- 0.42, -0.01, 0.19, -1.18, 0.27, -0.09, 0.80, 0.58, -0.20, -0.20,$$
$$0.49, -0.12, -0.34, -0.17, -0.31, 0.24, 0.97, 0.61, -0.81, -0.31)$$

であり, 被験者 4 の触 2 点閾が最も狭い. s_4 の事後分布の要約のみ表 8.2 に示す. 説明率や効果量を計算する際には, 知見の利用の目的に応じて分母を選択することが大切である. 1 人に着目し, 測定誤差に対して部位の差がどの程度あるのかに興味がある場合には, 個人差の散らばりは考えなくてよい (作物の品種を比較する場合には同一ブロック内の収量を比較すればよい) から, 要因の説明率は

$$\eta^2 = \frac{\sigma_\mu^2}{\sigma_\mu^2 + \sigma_e^2} \tag{8.5}$$

として (分母から σ_s^2 を除き) 生成量を求めた. 表 8.2 の点推定値は 66.8％である. 「μ_j 間には差がある」という研究仮説が正しい確率は, どの μ_j の組み合わせでも有効数字 3 桁で 1.000 であった. しかし差が 0 以上では, 実質的に差があるこ

表 8.2 乱塊計画の母数の事後分布

	EAP	post.sd	0.025	MED	0.975
μ_1	2.996	0.176	2.649	2.995	3.343
μ_2	2.096	0.176	1.748	2.096	2.443
μ_3	1.430	0.176	1.084	1.430	1.777
σ_e	0.452	0.055	0.361	0.447	0.574
σ_s	0.623	0.132	0.410	0.607	0.926
μ	2.174	0.155	1.867	2.174	2.482
σ_μ	0.644	0.059	0.528	0.644	0.760
s_4	−1.178	0.291	−1.746	−1.179	−0.602
η^2	0.668	0.066	0.517	0.675	0.777

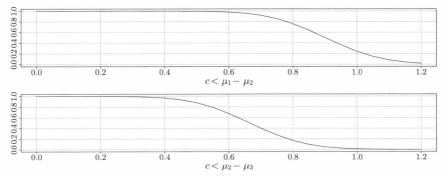

図 **8.3** 平均値の差に関する phc 曲線

との必要条件にしか過ぎない.

図8.3には, c を 0 cm から 1.2 cm まで変化させながら phc の曲線を描いた. 上図は「上腕外側部」−「前腕外側部」であり, たとえば $\mathrm{phc}(0.7 < \mu_1 - \mu_2) = 0.92$ である. 下図は「前腕外側部」−「手背部」であり, たとえば $\mathrm{phc}(0.5 < \mu_2 - \mu_3) = 0.88$ である.

8.2 ネストした1要因の推測

本節で扱うモデルは実験計画の領域で**枝分かれ計画** (nested design)[*3] と呼ばれている. しかし, 近年, ベイズ的アプローチの台頭により, **階層モデリング** (hierarchical modeling) と呼ばれることのほうが多くなってきた.

8.2.1 迷路課題におけるネズミの潜在学習

潜在学習とは, 強化や報酬が与えられなくても生じる学習である. ここではネズミの迷路学習の実験を扱う. 30匹のネズミを10匹ずつ3つの群に分け1日2試行を16日間行う. 第1群は初日から最終日までゴール地点に着いても餌が与えられず迷路から出されるだけである. 第2群は初日から最終日までゴール地点で餌が与えられる. 第3群は初日から10日目までは餌が与えられず, 11日目以降に餌が与えられる.

強化が行われなかった第1群 (対照群) は学習が進まない. 毎回強化された第2群 (学習群) は典型的な学習曲線を示す. 第3群 (潜在群) は10日目までは第1群

[*3] 入れ子配置と訳されることもある.

表 **8.3** 迷路課題におけるネズミの潜在学習のデータ

群	ネズミ										
対照群	1	46.6	49.2	50.3	46.6	47.0	49.2	47.6	46.7	45.0	47.8
	2	50.3	49.5	56.1	51.0	54.8	52.2	55.3	48.6	51.6	49.1
	3	50.6	49.9	53.9	50.9	51.0	42.1	46.4	51.6	50.4	54.2
	...	...	...	...	...	...	...	...	...	...	...
学習群	11	21.8	26.2	22.8	25.9	26.2	21.4	22.6	22.9	25.7	21.1
	12	32.7	27.8	31.9	32.6	28.4	27.1	25.9	36.6	30.7	33.7
	13	32.0	31.9	29.4	30.4	31.4	30.5	31.1	28.5	31.5	32.8
	...	...	...	...	...	...	...	...	...	...	...
潜在群	21	30.7	30.6	26.1	29.4	30.5	30.4	30.2	28.8	30.7	26.2
	22	36.2	35.6	31.2	29.8	33.4	36.9	33.4	31.0	31.0	31.2
	23	30.0	26.4	26.3	22.7	22.2	28.3	26.2	30.2	24.3	25.5
	...	...	...	...	...	...	...	...	...	...	...

と変わりない成績を示した. しかし 11 日目に劇的に学習が進み, 12 日目以降は学習成績が安定した. 第 3 群のネズミだけがわずか 1 日の試行で学習が進んだとは考えにくい. 強化されていない期間も何らかの学習が生じていたと推測される.

　表 8.3 は, 結果が安定した 12 日目から 16 日目までの 10 試行 (= 5 日 × 2 試行) の迷路を抜けるまでの成績 (秒) である. また図 8.4 は群ごとの測定値のボックスプロットである. たしかに潜在群の成績は, 学習群に肉薄している.

　表 8.3 は, 「学習方法の違い」という固定効果を有する独立した 1 要因計画のデータと考えることができるだろうか. 否である. 群間のネズミの測定は独立と考えられるけれども, 群内のネズミの測定は同じネズミが学習しているので独立とはいえない. 図 8.5 はネズミごとの 10

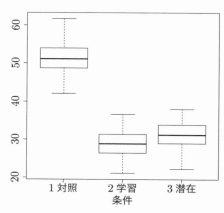

図 **8.4**　迷路課題におけるネズミの潜在学習 (条件ごと)

の測定値のボックスプロットである. 優秀なネズミとそれなりのネズミがいる. ネズミの優秀さは系統誤差と考えられるからブロックとみなせる. それでは前節で学んだ乱塊計画が利用できるだろうか. これも否である.

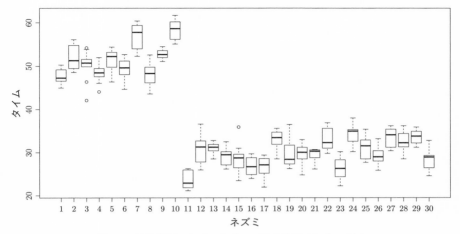

図 **8.5**　迷路課題におけるネズミの潜在学習 (ネズミごと)

8.2.2　クロス・ネスト

　この計画に固定効果の実験要因と変量効果のブロック要因があることは，ランダムブロック計画と共通しているが，その関係が異なる．ランダムブロック計画では，上腕外側部の被験者1と，前腕外側部の被験者1と，手背部の被験者1は同一人物である．このように，要因 x の各水準において要因 y の水準が同一である状況を，一般的にクロス (cross；要因 x と要因 y はクロスしている) という．

　それに対して，表8.3のデータでは，「対照群」の1匹目のネズミと，「学習群」の1匹目のネズミと，「潜在群」の1匹目のネズミは，それぞれに異なったネズミである．このように，要因 x の各水準において要因 y の水準が異なる状況を，一般的にネスト (nest；要因 y は要因 x にネストしている，要因 y は要因 x の入れ子になっている，要因 y は要因 x から枝分かれしている，など) という．

8.2.3　モデル構成・尤度

枝分かれ計画のモデル式は

$$y_{ijk} = \mu_j + s_{k(j)} + e_{ijk} \tag{8.6}$$

$$e_{ijk} \sim N(0, \sigma_e) \tag{8.7}$$

$$s_{k(j)} \sim N(0, \sigma_s) \tag{8.8}$$

である．ここで y_{ijk} は「j 番目の学習条件の k 番目のネズミの i 番目の成績」である．μ_j は水準 j の平均 (第 j 群の成績) であり，$s_{k(j)}$ はブロック $k(j)$ の効果

表 8.4   枝分かれ計画の母数と生成量の事後分布の要約

	EAP	post.sd	0.025	MED	0.975
μ_1	51.541	1.014	49.543	51.543	53.530
μ_2	28.864	1.009	26.871	28.864	30.849
μ_3	31.109	1.021	29.097	31.107	33.128
σ_e	2.431	0.105	2.236	2.427	2.647
σ_s	3.089	0.476	2.311	3.034	4.172
d_{32}	2.245	1.435	−0.598	2.246	5.052
d_{13}	20.432	1.442	17.589	20.430	23.271

(k 番目のネズミの非俊敏さ) である. (8.8) 式で母数 $s_{k(j)}$ に事前分布を仮定していることは,ランダムブロック計画と同様である.

ただし添え字 $k(j)$ は,実験要因の添え字 j ごとに異なった数字となることを意味している.表 8.3 で例示するならば,$j = 1$ のときは $k(1) = 1 \sim 10$ であり,$j = 2$ のときは $k(2) = 11 \sim 20$ であり,$j = 3$ のときは $k(3) = 21 \sim 30$ である.

$\boldsymbol{y} = \{y_{ijk}\}$, $\boldsymbol{\mu} = \{\mu_j\}$, $\boldsymbol{s} = \{s_{k(j)}\}$ とすると事後分布が以下となる.添え字 $k(j)$ の始点と終点は,上述のように j によって変化する.

$$
f(\boldsymbol{\mu}, \boldsymbol{s}, \sigma_e, \sigma_s | \boldsymbol{y})
$$
$$
\propto \prod_{j=1}^{3} \left[\prod_{k(j)}^{\cdot} \left[\prod_{i=1}^{10} \mathrm{normal}(y_{ijk} | \mu_j + s_{k(j)}, \sigma_e) \right] \mathrm{normal}(s_{k(j)} | 0, \sigma_s) \right]
$$
$$
\times f(\boldsymbol{\mu}) f(\sigma_e) f(\sigma_s) \tag{8.9}
$$

表 8.4 に枝分かれ計画の母数の事後分布の要約を示した.また生成量として

$$
d_{32} = \mu_3 - \mu_2 \tag{8.10}
$$
$$
d_{13} = \mu_1 - \mu_3 \tag{8.11}
$$

を求めた.「潜在群」と「学習群」の差は $2.245(1.435)[-0.598, 5.052]$ であり,「対照群」と「潜在群」の差は $20.432(1.442)[17.589, 23.271]$ である.「潜在群」と「学習群」の差の事後分布が 0 を含んでいるのに対して,「対照群」と「潜在群」の差の事後分布は 0 から遠い位置で分布している.しかし差が 0 以上では,実質的に差があることの必要条件にしか過ぎない.phc 曲線,phc テーブルによる考察は 8.7 節の実習課題に譲る.

8.3　対応ある 2 要因の推測

本節で扱う実験計画は，**乱塊要因計画** (randomized block factorial design)，**被験者内 2 要因計画**，**2 要因の乱塊法**など，いくつかの呼び名をもつ．

8.3.1　説得的メッセージの比較調査

広告や警告など，受け手の態度や行動を特定の方向へ変化させようと送り手が意図して発信するメッセージを**説得的メッセージ**という．ここでは，公共のトイレにおける，トイレットペーパー持ち去りを防止する効果的な張り紙の内容を研究する．どのような説得が効果的なのだろうか．

説得に影響を与えるであろう要因として，ここではメッセージの「種類」を取り上げる．実験要因 A「種類」は 3 つの水準をもち

(1) トイレットペーパーを持ち帰ることは犯罪です

(2) トイレットペーパーを持ち帰らないでください

(3) トイレットペーパーはみんなで使いましょう

とする．(1) は「罰」を提示し，(2) は「直截」に述べ，(3) は「公共心」に訴える方針である．実験要因 B「フォント」は 2 つの水準，「明朝体」と「ゴチック体」である．上述は「明朝体」であり，「ゴチック体」では

(1) トイレットペーパーを持ち帰ることは犯罪です

(2) トイレットペーパーを持ち帰らないでください

(3) トイレットペーパーはみんなで使いましょう

とする．

各被験者は，6 種類のメッセージすべてをランダムに提示され，そのメッセー

表 8.5　説得的メッセージの比較調査データ

被験者	1 明朝	2 明朝	3 明朝	1 ゴチ	2 ゴチ	3 ゴチ
1	2	5	4	5	5	8
2	5	6	5	7	7	9
3	1	2	3	4	5	5
4	1	2	4	5	6	8
...	...	...	...	...	...	...
28	2	4	4	5	5	7
29	2	4	6	6	4	7
30	3	5	5	6	7	8

ジが「トイレットペーパー持ち去り防止」に説得的であるか否かを判定する．評定は9件法であり，「大変説得される」9点から，「ぜんぜん説得されない」1点までである．30人分の調査結果を表8.5に示す．

「種類」×「フォント」の6分類での箱ひげ図を図8.6に示す．「ゴチック」で「公共心」のメッセージが最も説得力がある．

水準「罰」「直截」「公共心」によって構成される要因A「種類」は，調査の目的に照らして固定効果と考えることが自然である．水準「明朝体」「ゴチック体」によって構成される要因B「フォント」も固定効果と考えることができるだろう．個々の「種類」にとっての個々の「フォント」は同一だから要因Aと要因Bはクロスしている．

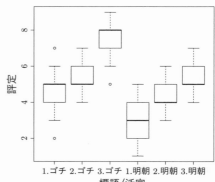

図 **8.6**　セルごとの箱ひげ図

では独立した2要因計画と考えてよいのだろうか？　否である．「種類」×「フォント」の6回の測定は同じ被験者が回答した評定値である．図8.7に，30名の被験者ごとの6つの測定値の箱ひげ図を示した．明らかに説得されやすい被験者とそうでない被験者がおり，互いの測定値は独立ではない．

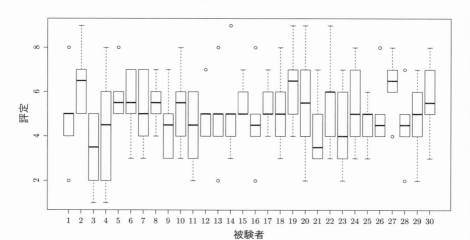

図 **8.7**　被験者ごとの箱ひげ図

8.3.2 モデル構成

乱塊要因計画のモデルは

$$y_{jkl} = \mu + a_j + b_k + s_l + (ab)_{jk} + (as)_{jl} + (bs)_{kl} + e_{jkl} \tag{8.12}$$

$$e_{jkl} \sim N(0, \sigma_e), \quad s_l \sim N(0, \sigma_s), \quad (as)_{jl} \sim N(0, \sigma_{as}), \quad (bs)_{kl} \sim N(0, \sigma_{bs})$$

$$0 = \sum_{j=1}^{a} a_j, \quad 0 = \sum_{k=1}^{b} b_k, \quad 0 = \sum_{j=1}^{a} (ab)_{jk}, \quad 0 = \sum_{k=1}^{b} (ab)_{jk}$$

とする．ここで s_l は l 番目の被験者 ($l = 1, \cdots, 30$) の平均的な説得されやすさ を表現しており，変量効果のブロック要因である．変量効果なので平均 0，sd が σ_s の正規分布を仮定している．

a_j と b_k は固定効果なので，添え字に関する和は 0 とする．$(ab)_{jk}$ は要因 A と B の交互作用であり，(たとえば「罰」に対しては「明朝」が効果的であるなどの 知見を表現するので) 固定効果とし，2 つの添え字に関する和は 0 とする．

$(as)_{jl}$ は要因 A とブロックの交互作用であり，l 番目の被験者の「種類」に対す る好みを表現している．$(bs)_{kl}$ は要因 B とブロックの交互作用であり，l 番目の 被験者の「フォント」に対する好みを表現している．これらは被験者 (ブロック) が変化すれば，好みも変化するから変量効果であり，正規分布を仮定する．実験 要因 A，B とブロック要因 S は，どの 2 つの要因に着目しても，互いにクロスし ている．

8.3.3 事後分布

$\boldsymbol{y} = \{y_{jkl}\}$, $\boldsymbol{a} = \{a_j\}$, $\boldsymbol{b} = \{b_k\}$, $\boldsymbol{s} = \{s_l\}$, $\boldsymbol{ab} = \{(ab)_{jk}\}$, $\boldsymbol{as} = \{(as)_{jl}\}$, $\boldsymbol{bs} = \{(bs)_{kl}\}$, $\hat{y}_{jkl} = y_{jkl} - e_{jkl}$ と表記し，事後分布は以下となる．

$$f(\mu, \boldsymbol{a}, \boldsymbol{b}, \boldsymbol{s}, \boldsymbol{ab}, \boldsymbol{bs}, \boldsymbol{as}, \sigma_e, \sigma_s, \sigma_{as}, \sigma_{bs} | \boldsymbol{y})$$

$$\propto \prod_{j=1}^{3} \left[\prod_{k=1}^{2} \left[\prod_{l=1}^{30} \mathrm{normal}(y_{jkl} | \hat{y}_{jkl}, \sigma_e) \mathrm{normal}(s_l | 0, \sigma_s) \right] \mathrm{normal}((bs)_{kl} | 0, \sigma_{bs}) \right]$$

$$\times \mathrm{normal}((as)_{jl} | 0, \sigma_{as}) \ f(\mu) f(\boldsymbol{a}) f(\boldsymbol{b}) f(\boldsymbol{ab}) f(\sigma_e) f(\sigma_s) f(\sigma_{as}) f(\sigma_{bs})$$

表 8.6 に母数の事後分布の要約を示す．ただし $b_2 = -b_1$ であり，$(ab)_{j2} = -(ab)_{j1}$ なので省略している．また $\sigma_a \sigma_b \sigma_{(ab)}$ は生成量である．

2 要因計画の分析は，交互作用から解釈を行う．$(ab)_{11}$ は 0.083(0.081)[-0.076, 0.242] であり，95%確信区間が 0 を含んでいる．それに対して $(ab)_{21}$ は

表 8.6　乱塊要因計画の母数の事後分布

	EAP	post.sd	0.025	MED	0.975
μ	5.106	0.057	4.994	5.106	5.218
a_1	−1.173	0.081	−1.331	−1.173	−1.013
a_2	−0.138	0.081	−0.298	−0.138	0.023
a_3	1.311	0.081	1.149	1.311	1.471
b_1	−0.817	0.057	−0.929	−0.817	−0.703
$(ab)_{11}$	0.083	0.081	−0.076	0.083	0.242
$(ab)_{21}$	0.250	0.081	0.092	0.250	0.409
$(ab)_{31}$	−0.333	0.081	−0.492	−0.333	−0.175
σ_s	0.640	0.113	0.445	0.631	0.888
σ_{as}	0.294	0.139	0.033	0.307	0.539
σ_{bs}	0.186	0.106	0.019	0.186	0.395
σ_e	0.763	0.090	0.595	0.763	0.933
σ_a	1.020	0.057	0.907	1.020	1.132
σ_b	0.817	0.057	0.703	0.817	0.929
σ_{ab}	0.252	0.056	0.142	0.252	0.363

$0.250(0.081)[0.092, 0.409]$ で正の値といえるだろうし，$(ab)_{31}$ は $-0.333(0.081)$ $[-0.492, -0.175]$ で負の値といえるだろう．交互作用に意味がある場合には，主効果の解釈は省略してセルの事後分布を求めて解釈を進めることもできる．

　ただし主効果に着目すると a_1 は $-1.173(0.081)[-1.331, -1.013]$ であり，負の値と確信できる．a_3 は $1.311(0.081)[1.149, 1.471]$ で正の値と確信できる．b_1 は $-0.817(0.057)[-0.929, -0.703]$ で負の値と確信できる．明らかに主効果のほうが交互作用より影響が大きい．

　このことは σ_a は $1.020(0.057)[0.907, 1.132]$　σ_b は $0.817(0.057)[0.703, 0.929]$ σ_{ab} は $0.252(0.056)[0.142, 0.363]$ からも窺い知れる．そこで主効果を使ってメインの解釈を行い，交互作用で解釈を補う．

　9件法による説得の評定は，「公共心」に訴える方法により 1.3 上昇し，「罰」を提示する方法により 1.2 下降する．また「明朝体」は 0.8 下降し，「ゴチック体」は 0.8 上昇する．ただしわずかではあるが，「直截」に「明朝体」を使うと 0.3 上昇し，「ゴチック体」を使うと 0.3 下降する．「公共心」に関しては逆に「ゴチック体」を使うと 0.3 上昇し，「明朝体」を使うと 0.3 下降する．

8.3.4　PHC

「種類」の 3 つの組み合わせと「フォント」に関して，水準の効果に 0 以上の差のある確率は，すべて有効数字 3 桁で 1.000 となる．しかし差が 0 以上では，実

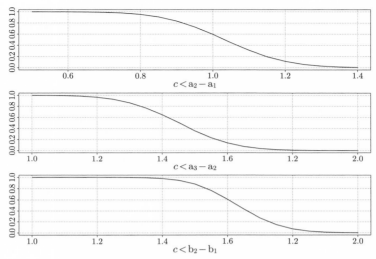

図 **8.8** 水準の効果に c 以上の差のある確率の曲線

質的に差があることの必要条件にしか過ぎない．そこで水準の効果に c 以上の差のある確率の曲線を図 8.8 に示した．

上段は $\mathrm{phc}(c < a_2 - a_1)$ である．9 件法による説得の評定に関して，「『罰』より『直截』のほうが 0.8 以上は評定が高くなる」という確信は $\mathrm{phc}(0.8 < a_2 - a_1) = 0.954$ である．中段は $\mathrm{phc}(c < a_3 - a_2)$ であり，「『直截』より『公共心』のほうが 1.3 以上は評定が高くなる」という確信は $\mathrm{phc}(1.3 < a_2 - a_1) = 0.863$ である．下段は $\mathrm{phc}(c < b_2 - b_1)$ である．「『明朝体』より『ゴチック体』のほうが 1.5 以上は評定が高くなる」という確信は $\mathrm{phc}(1.5 < b_2 - b_1) = 0.881$ である．

8.4　混合した 2 要因の推測

本節でも固定効果の実験要因 2 つと，変量効果のブロック要因 1 つのモデルを扱う．前節との相違は，一方の要因には対応があり，他方の実験要因には対応がないことである．そのモデルは**混合計画** (mixed factorial design)，**分割計画** (split–plot design)，**被験者内 1 要因被験者間 1 要因計画**などと呼ばれる．

8.4.1　健康診断の追跡調査
大学の健康診断において入学時 (時期 1) にうつ病検査を実施した．検査の得点

の高かった学生には，その後カウンセリングなど援助を行い，必ずしも高くはな
かった学生には特段の援助は行わなかった.

1年後 (時期2) に，援助を受け続けた50名の学生 (介入群，被験者番号51～
100) と，援助を受けなかった50名の学生 (対照群，被験者番号1～50) に入学時
と同じうつ病検査を実施した．その調査データの一部を表8.7に示す.

表 8.7　健康診断の追跡調査

介入群 被験者	時期 1	時期 2	対照群 被験者	時期 1	時期 2
1	49	49	51	54	52
2	49	49	52	54	51
3	50	50	53	54	52
4	49	50	54	54	52
...	...	...	...	...	...
47	49	50	97	54	52
48	49	49	98	54	51
49	50	50	99	54	51
50	49	49	100	54	52

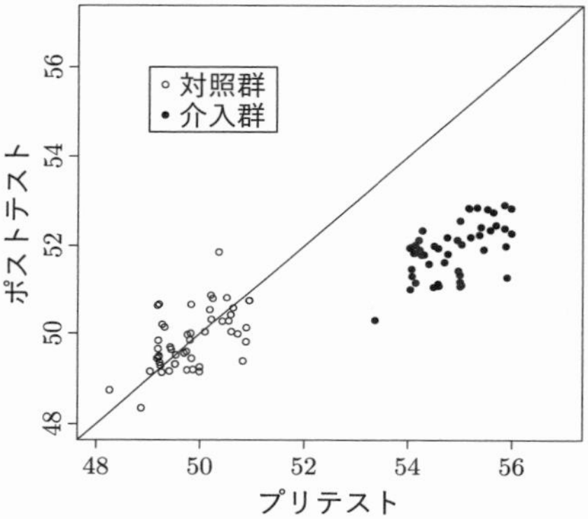

図 8.9　うつ病検査の追跡調査

横軸に入学時の測定値，縦軸に1年後の測定値を配してうつ病検査の得点の散
布図を図8.9に示した．その際，介入群のデータは●で，対照群のデータは○で
打点し，45度の補助線を描いた．各群内で正の相関があり，対照群は平均値に変
化が見られないが，介入群は1年間で平均値が低下している.

「援助」という実験要因Aは「介入」と「対照」の2つの水準をもっている．「時
期」という実験要因Bは「時期1」と「時期2」の2つの水準をもっている．両
方とも固定効果と考えられる．また「介入」と「対照」にとっての「時期1」と
「時期2」は同一だから，実験要因AとBはクロスしている.

前節同様に50名の被験者は変量効果のブロック要因Sとみなせる．また「時
期1」と「時期2」にとって「被験者」は同一だから，Sは実験要因Bとクロスし
ている．しかし「介入」と「対照」にとっては「被験者」は異なるから，Sは実
験要因Aにネストしている.

8.4.2　モデル構成
混合計画のモデルは

$$y_{jkl} = \mu + a_j + b_k + s_{l(j)} + (ab)_{jk} + e_{jkl} \tag{8.13}$$

$$e_{jkl} \sim N(0, \sigma_e), \quad s_{l(j)} \sim N(0, \sigma_s)$$

$$0 = \sum_{j=1}^{a} a_j, \quad 0 = \sum_{k=1}^{b} b_k, \quad 0 = \sum_{j=1}^{a} (ab)_{jk}, \quad 0 = \sum_{k=1}^{b} (ab)_{jk}$$

とする．ここで $s_{l(j)}$ は l 番目の被験者の平均的なうつ病傾向を表現しており，変量効果のブロック要因である．ただし $s_{l(j)}$ は要因 A の添え字 j ごとに異なった数字が与えられる．表 8.7 で例示するならば，$j = 1$ のときには被験者番号が $l(1) = 1 \sim 50$ となり，$j = 2$ のときには被験者番号が $l(2) = 51 \sim 100$ となる．変量効果なので平均 0，sd が σ_s の正規分布を仮定している．a_j と b_k は固定効果なので，添え字に関する和は 0 とする．$(ab)_{jk}$ は要因 A と B の交互作用であり，固定効果とし，2 つの添え字に関する和は 0 とする．

8.4.3 事後分布

$\boldsymbol{y} = \{y_{jkl}\}$，$\hat{y}_{jkl} = y_{jkl} - e_{jkl}$，$\boldsymbol{a} = \{a_j\}$，$\boldsymbol{b} = \{b_k\}$，$\boldsymbol{s} = \{s_{l(j)}\}$，$\boldsymbol{ab} = \{(ab)_{jk}\}$ と表記し，事後分布は以下となる．

$$f(\mu, \boldsymbol{a}, \boldsymbol{b}, \boldsymbol{s}, \boldsymbol{ab}, \sigma_e, \sigma_s | \boldsymbol{y})$$

$$\propto \prod_{j=1}^{2} \prod_{k=1}^{2} \left[\prod_{l(j)} \mathrm{normal}(y_{jkl} | \hat{y}_{jkl}, \sigma_e) \mathrm{normal}(s_{l(j)} | 0, \sigma_s) \right]$$

$$\times f(\mu) f(\boldsymbol{a}) f(\boldsymbol{b}) f(\boldsymbol{ab}) f(\sigma_e) f(\sigma_s) \tag{8.14}$$

表 8.8 に母数と生成量の事後分布の要約を示す．ただし $a_2 = -a_1$ であり，$b_2 = -b_1$ なので省略している．交互作用の冗長な結果は，あえて省略せずに示したので，制約を確認されたい．

8.4.4 交互作用の分析

σ_a，σ_b，σ_{ab} は生成量である．σ_a は 1.770(0.051)[1.670, 1.872] であり，σ_b は 0.720(0.023)[0.675, 0.765] であり，σ_{ab} は 0.750(0.023)[0.705, 0.795] である．交互作用の効果は，主効果に比べて，特段に小さいということはない．またこの介入実験の目的を考慮すると，主効果による解釈は豊かな情報を与えない．そこで交互作用「援助」×「時期」の効果をセルの平均に注目して分析を行う．

j 番目の群の k 番目の時期のセル jk の効果 ce_{jk} を知りたい場合には，

表 8.8 混合計画の母数の事後分布の要約

	EAP	post.sd	0.025	MED	0.975
μ	51.120	0.052	51.017	51.120	51.223
a_1	-1.770	0.051	-1.871	-1.770	-1.670
b_1	0.720	0.023	0.675	0.720	0.764
$(ab)_{11}$	-0.750	0.022	-0.794	-0.750	-0.706
$(ab)_{12}$	0.750	0.022	0.706	0.750	0.794
$(ab)_{21}$	0.750	0.022	0.706	0.750	0.794
$(ab)_{22}$	-0.750	0.022	-0.794	-0.750	-0.706
σ_s	0.459	0.043	0.380	0.458	0.549
σ_e	0.321	0.023	0.278	0.320	0.371
σ_a	1.770	0.051	1.670	1.770	1.872
σ_b	0.720	0.023	0.675	0.720	0.765
σ_{ab}	0.750	0.023	0.705	0.750	0.795

$$ce_{jk} = a_j + b_k + (ab)_{jk} \tag{8.15}$$

という生成量の事後分布を求めればよい. μ と e_{jkl} は4つのセルに共通に含まれているから, 比較のためには必要ない. $s_{l(j)}$ は j 番目の群に配された被験者の個性を表現しているので加えないほうが4つのセルの違いを比較しやすい.

　時期1の差 ce_{11} と ce_{21} に代表される群間の差は, 差によって群分けをしたのであるから, 興味の対象となる差ではない. 分析の興味の対象は, それぞれの群内の時期差

$$ce_{11} - ce_{12}, \quad ce_{21} - ce_{22} \tag{8.16}$$

にある. 表8.9にその事後分布を示す. 対照群の事後分布は0を中心部分に含み, 点推定値が1年の間にほとんど変化してない. それに対して介入群の事後分布は0から明確に離れ, 点推定値が約2.94点である.

　もし対照群に差がなく, 介入群にのみ差が認められたならば, その差は経年による差ではなく, 介入による差であることが示唆される. しかし差が0以上では, 実質的に差があることの必要条件にしか過ぎない. phc曲線, phcテーブルによる考察は実習課題に譲る.

表 8.9 群内の時期差の事後分布

	EAP	post.sd	0.025	MED	0.975
対照群 $ce_{11} - ce_{12}$	-0.060	0.064	-0.187	-0.060	0.066
介入群 $ce_{21} - ce_{22}$	2.940	0.064	2.813	2.940	3.066

8.5　正　誤　問　題

以下の説明で，正しい場合は○，誤っている場合は × と回答しなさい.

1) 固定効果の実験要因 1 つと変量効果のブロック要因 1 つがクロスしている実験計画をランダムブロック計画という.
2) 固定効果の実験要因 1 つに変量効果のブロック要因 1 つがネストしている実験計画を枝分かれ計画という.
3) 固定効果の実験要因 2 つと変量効果のブロック要因 1 つがあり，3 つの要因が，すべて互いにクロスしている実験計画を乱塊要因計画という.
4) 固定効果の実験要因 2 つ A，B と変量効果のブロック要因 1 つ S があり，A と B はクロスし，A と S もクロスしているけれど，S が B にネストしている実験計画を乱塊要因計画という.

正解はすべて○

8.6　確　認　問　題

以下の説明に相当する用語を答えなさい.

1) ランダムブロック計画の別名を 3 つ.
2) 枝分かれ計画の別名を 2 つ.
3) 要因 x の各水準において要因 y の水準が同一である状況.
4) 要因 x の各水準において要因 y の水準が異なる状況.
5) 乱塊要因計画の別名を 2 つ.
6) 混合計画の別名を 2 つ.

8.7　実　習　課　題

1) 表 8.4 に登場する母数 μ_1, μ_2, μ_3 に関して，$\mathrm{phc}(c < \mu_3 - \mu_2)$ と $\mathrm{phc}(|\mu_3 - \mu_2| < c)$ と $\mathrm{phc}(c < \mu_1 - \mu_3)$ の曲線とテーブルを作成し，平均値の差について考察しなさい.
2) 表 8.9 に登場するセル jk の効果に関して，$\mathrm{phc}(c < ce_{11} - ce_{12})$ と $\mathrm{phc}(|ce_{11} - ce_{12}| < c)$ と $\mathrm{phc}(c < ce_{21} - ce_{22})$ の曲線とテーブルを作成し，差を考察しなさい.

9

階層線形モデル

■ ■ ■

すでに学習した実験計画法に登場する変量効果では，母数の事前分布として，平均が 0 の正規分布を仮定した．本章で学習する階層線形モデルでは，回帰モデルにおける母数の事前分布として正規分布を導入する．紙面の制約もあり，多少冗長な事後分布の特定は，本章では割愛する．

9.1 切片と回帰係数に分布を仮定したモデル

共分散分析モデルは，大まかにいうならば 2 群の回帰分析であった．本章で導入する階層線形モデル (hierarchical linear model, HLM) は，さらに多くの群に回帰分析を適用する．階層線形モデルは心理学や教育学における用語であり，当該分野での適用が多い．しかし他の分野では混合効果モデル (mixed–effects model)，ランダム係数回帰モデル (random coefficient regression model)，マルチレベルリニアモデル (multilevel linear model) などと呼ばれることもある．

9.1.1 知覚された長さに関する実験

表 9.1 は，単回帰分析の章で登場した「知覚された (パスタの) 長さの実験」の25 名分のデータである．各学生は 10 本の折れたパスタの長さを目測で評価している．データファイルには「学生」という 3 番目の変数があって，1〜25 の値をとり，被験者を区別している．

図 9.1 には 2 名の学生の「実測」と「目測」の散布図を示す．1 番の学生を○で，17 番の学生を▲で打点している．大まかな傾向として，切片も傾きも異なっているように見える．図 9.2 に 25 名全員の学生の「実測」と「目測」の散布図を示す．学生ごとに異なった記号で打点している．大まかな傾向として，左下から右上に向かってデータが散布されているけれども，散布図だけでは詳細な様子は不明である．

表 **9.1** 知覚された長さに関する実験

目測	実測	学生	目測	実測	学生	目測	実測	学生
104	90	1	...	...	...	...	...	...
79	63	1	122	109	10	136	120	24
113	71	1	128	110	10	38	50	24
172	145	1	114	96	10	63	56	25
105	79	1	130	124	10	82	70	25
112	82	1	105	94	10	65	66	25
130	94	1	181	155	11	152	144	25
96	85	1	115	97	11	137	125	25
76	59	1	146	127	11	44	52	25
162	140	1	202	170	11	143	137	25
119	116	2	184	151	11	120	106	25
61	56	2	142	107	11	148	137	25
...	...	...	...	...	...	60	60	25

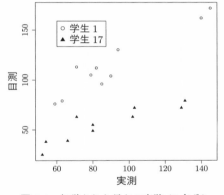

図 **9.1** 知覚された長さの実験 (2 名分)

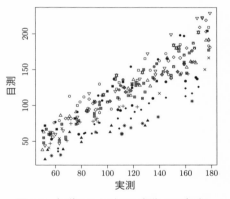

図 **9.2** 知覚された長さの実験 (25 名分)

9.1.2 モデル構成

階層線形モデルでは 25 本の単回帰直線を別々に求めるのではなく

$$y_{ij} = a_j + b_j \times x_{ij} + e_{ij} \tag{9.1}$$

$$e_{ij} \sim N(0, \sigma_e) \tag{9.2}$$

$$a_j \sim N(a_0, \sigma_a) \tag{9.3}$$

$$b_j \sim N(b_0, \sigma_b) \tag{9.4}$$

とする. 最初の 2 本の式は, 通常の単回帰モデルである. ただし, それに加えて第 j 番目の学生の回帰式の切片 a_j が平均 a_0・標準偏差 σ_a の正規分布から得ら

れ，回帰係数 b_j は平均 b_0・標準偏差 σ_b の正規分布から得られている．切片も回帰係数も変量効果として扱うということであり，正規分布による事前分布が設定された．階層線形モデルでは添え字 i で表現される対象 (この場合は測定値) をレベル1といい，添え字 j で表現される対象 (この場合は被験者) をレベル2という．

9.1.3　事後分布

表9.2に母数の事後分布の要約を示す．σ_e は $8.500(0.424)[7.709, 9.384]$ であり，予測値は実測値から平均的に $8.5\,\mathrm{mm}$ 外れている．a_0 は $-0.024(2.315)[-4.608, 4.531]$ であり，b_0 は $1.006(0.042)[0.922, 1.087]$ であるから，大まかに切片ゼロ，回帰係数1と考えることができる．σ_a は $6.111(2.693)[1.266, 11.717]$ であり，σ_b は $0.190(0.032)[0.139, 0.262]$ であり，0から離れた場所で分布している．

図9.3に学生ごとの25本の回帰直線を示す．切片ははっきりとばらついている．回帰係数は，あまりばらついてはおらず，若干交差している様子が窺われる．

表 9.2　切片と回帰係数が分布をもつモデルの母数の事後分布の要約

	EAP	post.sd	0.025	MED	0.975
σ_e	8.500	0.424	7.709	8.485	9.384
a_0	−0.024	2.315	−4.608	−0.030	4.531
b_0	1.006	0.042	0.922	1.006	1.087
σ_a	6.111	2.693	1.266	6.035	11.717
σ_b	0.190	0.032	0.139	0.186	0.262

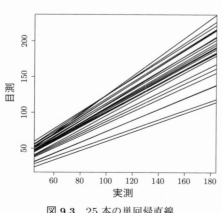
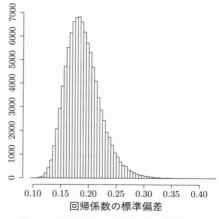

図 9.3　25本の単回帰直線　　　　　図 9.4　回帰係数の標準偏差の事後分布

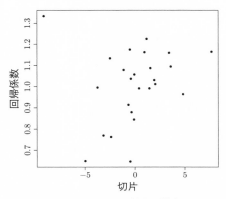

図 **9.5**　切片と回帰係数の散布図

図 9.4 に回帰係数の標準偏差の事後分布を示す．0 から明確に離れた位置で分布しているので，回帰係数にも個人差を設定したほうがよい．

　図 9.5 に 25 本の回帰直線の切片と回帰係数の散布図を示した．相関係数は 0.168 であり，意味を見出すほどの関係ではない．

9.2　切片に分布を仮定したモデル

　共分散分析の章で学習したように，複数の回帰直線を比較する際に，回帰係数が共通であると仮定できるならば分析結果の解釈が容易になった．なぜならば，予測変数の特定の値によらずに基準変数の群間差を論じることができるからである．本節では，その考え方を多群の状況に拡張する．

9.2.1　高等学校別の中学の成績と高校の偏差値

　表 9.3 は，高等学校別の英語の 300 名分の模擬試験の偏差値のデータである．「中学」は中学 3 年生 1 学期の成績であり，「高校」は高校 1 年生 3 学期の成績である．変数「学校」は 1〜10 の値をとり，生徒が進学した高等学校を区別している．レベル 1 が生徒であり，レベル 2 が高等学校である．

　図 9.6 に「高等学校 2」と「高等学校 9」の「中学」と「高校」の成績の散布図を示す．中学時代に成績の良い学生は高校でも成績が良い．

　図 9.7 に 10 校すべての生徒の「中学」と「高校」の成績の散布図を示す．明確に左下から右上に向かってデータが散布されている．表 9.4 は，切片と回帰係

表 9.3 高等学校別の中学の成績と高
校の偏差値

高校	中学	学校	高校	中学	学校
41	39	1	37	43	2
45	39	1	30	38	2
43	41	1	34	41	2
37	40	1	35	45	2
40	38	1	...	...	...
46	45	1	68	63	10
46	43	1	60	55	10
45	43	1	60	60	10
...	...	...	67	64	10
48	46	1	65	59	10
34	42	2	70	62	10
29	37	2	65	58	10
35	44	2	64	60	10
33	41	2	62	60	10
39	47	2	67	61	10

表 9.4 切片と回帰係数に分布のあるモデルの母数
の事後分布の要約 (偏差値データ)

	EAP	post.sd	0.025	MED	0.975
σ_e	3.052	0.128	2.816	3.047	3.314
a_0	−1.744	3.174	−7.960	−1.746	4.580
b_0	1.053	0.065	0.926	1.054	1.180
σ_a	3.194	1.845	0.346	3.069	7.297
σ_b	0.072	0.040	0.010	0.069	0.160

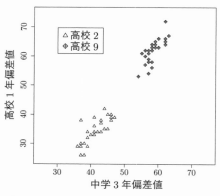

図 9.6 高校 2 と 9 の中・高校時の偏差値

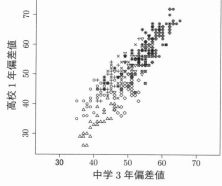

図 9.7 10 校の中学時と高校時の偏差値

数に分布を仮定したモデルで計算した母数の事後分布の要約である．図 9.8 は高
校別の 10 本の単回帰直線である．大まかに見て 10 本の直線は平行に見える．図
9.9 は回帰係数の標準偏差の事後分布である．正規分布を仮定しているのに，0 の
付近で床効果 (floor effect) が観察されている．

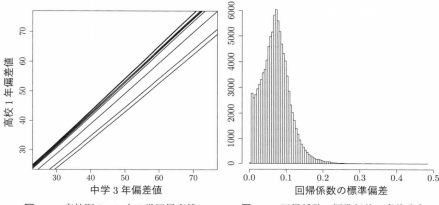

図 **9.8** 高校別の 10 本の単回帰直線 　 図 **9.9** 回帰係数の標準偏差の事後分布

9.2.2 モデル構成

複数の回帰直線が平行な形状を示し，回帰係数の標準偏差の事後分布が 0 の付近で明確な床効果の形状を示している．そこで切片 a_j だけを変量効果として扱い

$$y_{ij} = a_j + b_j \times x_{ij} + e_{ij} \tag{9.5}$$

$$e_{ij} \sim N(0, \sigma_e) \tag{9.6}$$

$$a_j \sim N(a_0, \sigma_a) \tag{9.7}$$

$$b_j = b_0 \tag{9.8}$$

のようなモデルを適用してみよう．このモデルは，群によらずに共通して回帰係数が b_0 である．

9.2.3 事後分布

表 9.5 に母数の事後分布の要約を示す．σ_e は $3.060(0.127)[2.825, 3.321]$ であり，予測値の実測値に対する誤差は平均的に 3.1 ほどである．b は 1.055 $(0.060)[0.937, 1.172]$ であり，回帰係数はこの場合はほぼ 1 といってよい．

σ_a は $4.642(1.390)[2.784, 8.110]$ であり，中学校時代に同じ成績であった生徒も，進学した高校によって予測値の平均的な散らばりは偏差値で 4.6 ほどもあることが分かる．

回帰係数が等しい回帰直線では，この場合は，切片の大きい高等学校のほうが小さい高等学校よりも，中学時代の成績によらずに高い学力が予測される．その意味で，a_j は高等学校 j の教育効果を表した母数である．10 校の中では，8 番目

表 9.5 切片に分布があるモデルの母数の事後分布の要約

	EAP	post.sd	0.025	MED	0.975
σ_e	3.060	0.127	2.825	3.056	3.321
a_0	−1.765	3.340	−8.273	−1.803	4.891
b	1.055	0.060	0.937	1.056	1.172
σ_a	4.642	1.390	2.784	4.374	8.110
a_1	−0.142	2.466	−4.966	−0.159	4.724
a_2	−9.088	2.529	−14.048	−9.108	−4.090
a_3	1.050	2.724	−4.292	1.038	6.433
a_4	0.476	2.850	−5.107	0.458	6.118
a_5	−8.171	2.981	−14.005	−8.190	−2.262
a_6	−0.670	3.093	−6.734	−0.694	5.451
a_7	−3.655	3.197	−9.895	−3.683	2.670
a_8	1.684	3.303	−4.767	1.658	8.212
a_9	0.211	3.514	−6.682	0.185	7.161
a_{10}	0.721	3.564	−6.243	0.683	7.774

表 9.6 切片に関して高等学校 i 行が j 列より大きい確率

	a_1	a_2	a_3	a_4	a_5	a_6	a_7	a_8	a_9	a_{10}
a_1	0.00	1.00	0.08	0.24	1.00	0.70	1.00	0.06	0.40	0.26
a_2	0.00	0.00	0.00	0.00	0.16	0.00	0.00	0.00	0.00	0.00
a_3	0.92	1.00	0.00	0.77	1.00	0.98	1.00	0.26	0.77	0.61
a_4	0.76	1.00	0.23	0.00	1.00	0.92	1.00	0.09	0.60	0.41
a_5	0.00	0.84	0.00	0.00	0.00	0.00	0.00	0.00	0.00	0.00
a_6	0.30	1.00	0.02	0.08	1.00	0.00	1.00	0.00	0.16	0.06
a_7	0.00	1.00	0.00	0.00	1.00	0.00	0.00	0.00	0.00	0.00
a_8	0.94	1.00	0.74	0.91	1.00	1.00	1.00	0.00	0.97	0.88
a_9	0.60	1.00	0.23	0.40	1.00	0.84	1.00	0.03	0.00	0.26
a_{10}	0.74	1.00	0.39	0.59	1.00	0.94	1.00	0.12	0.74	0.00

の高等学校の切片が 1.684 で最も高く，英語の学力を伸ばしている．

表 9.6 に，行の高等学校の切片 a_i が列の高等学校の切片 a_j より大きい確率を示す．たとえば高等学校 8 の切片 a_8 のほうが，高等学校 3 の切片 a_3 より大きい確率 $\mathrm{phc}(a_8 > a_3)$ は 74% である．同様に高等学校 8 の切片 a_8 のほうが，高等学校 7 の切片 a_7 より大きい確率 $\mathrm{phc}(a_8 > a_7)$ は 100% である．ただし 0 より大きいというだけでは，実質的に差があるための必要条件に過ぎない．表 9.6 は，実質的に差がある対の候補を絞り込むための目安として利用する．

高等学校 8 の切片 a_8 のほうが，高等学校 7 の切片 a_7 より c 以上大きいという研究仮説が正しい確率 $\mathrm{phc}(a_8 - a_7 > c)$ の phc 曲線を図 9.10 に示した．偏差値換算で 3 以上は差がある確率は 95% 以上である．

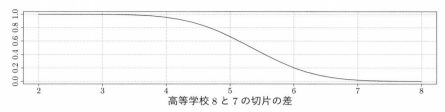

図 **9.10** 高等学校 8 と 7 の切片の差が c 以上である確率

9.3 切片と傾きに相関のあるモデル

これまで登場した母数の事前分布は互いに独立であると仮定していた. たとえば切片と回帰係数の同時事前分布は, a_j と b_j が独立に正規分布すると仮定して

$$f(a_j, b_j | a_0, b_0, \sigma_a, \sigma_b) = f(a_j | a_0, \sigma_a) f(b_j | b_0, \sigma_b) \tag{9.9}$$

としていた. 多くの場合に独立の仮定は適切であることが多い. しかし場合によっては母数の間に相関を仮定したほうが望ましい場合もある.

9.3.1 減量開始から 4 週間の体重変化

表 9.7 は, 50 名の女性の減量開始から 4 週間の体重変化である. ここで変数「週数」は 0〜4 までの整数の値をとる. 0 は減量開始時点の体重であり, 1〜4 は

表 **9.7** 減量開始から 4 週間の体重変化

体重	週数	女性	体重	週数	女性	体重	週数	女性
50.00	0	1	50.80	1	4	50.40	2	7
49.40	1	1	50.50	2	4	49.40	3	7
49.40	2	1	50.50	3	4	49.40	4	7
49.20	3	1	50.00	4	4	48.70	0	8
48.80	4	1	51.30	0	5	48.70	1	8
50.30	0	2	50.50	1	5	48.60	2	8
50.10	1	2	49.80	2	5	48.40	3	8
49.50	2	2	49.70	3	5	49.30	4	8
49.60	3	2	49.50	4	5	50.50	0	9
49.60	4	2	52.00	0	6	・・・	・・・	・・・
49.40	0	3	51.20	1	6	48.00	4	49
49.40	1	3	50.70	2	6	48.40	0	50
49.30	2	3	50.70	3	6	48.80	1	50
49.40	3	3	50.20	4	6	49.10	2	50
49.00	4	3	50.60	0	7	48.90	3	50
51.30	0	4	50.30	1	7	48.60	4	50

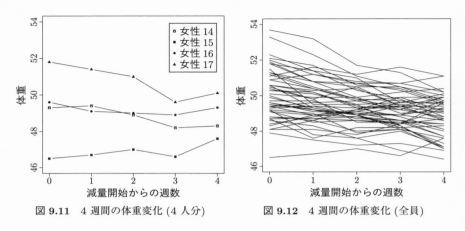

図 **9.11** 4 週間の体重変化 (4 人分)   図 **9.12** 4 週間の体重変化 (全員)

経過週時点での体重である. 変数「女性」は 1〜50 の値をとり, 被験者を表現している. 図 9.11 に被験者 14, 15, 16, 17 の 4 名の体重変化を折れ線グラフで示した. 17 番の被験者は 4 週間で減量しているけれども, 15 番の被験者は逆に体重が増加している.

9.3.2 切片と回帰係数に独立な分布を仮定したモデル

図 9.12 に 50 名全員の 4 週間の体重変化を折れ線グラフで示した. 大まかな傾向として, 開始時点よりも終了時点での平均体重は小さくなっている. またデータの散らばりも小さくなっている.

回帰直線を被験者ごとに引くと平行にはなりそうもない. そこで前章で学習した切片と回帰係数に分布を仮定したモデルを適用すると, 母数の事後分布の要約は表 9.8 のようになった. σ_e は $0.300(0.018)[0.267, 0.337]$ であり, 回帰直線による体重の予測値と実測値は平均して 300 g ほどの誤差がある. 各被験者の切片 a_j, 回帰係数 b_j も母数であるが, 表 9.8 では省略した.

表 **9.8** 切片と回帰係数に分布を仮定したモデルの事後分布の要約

	EAP	post.sd	0.025	MED	0.975
σ_e	0.300	0.018	0.267	0.299	0.337
a_0	50.003	0.205	49.601	50.003	50.407
b_0	-0.299	0.048	-0.393	-0.299	-0.205
σ_a	1.422	0.152	1.163	1.410	1.755
σ_b	0.322	0.037	0.258	0.319	0.402

図 9.13 に a_j と b_j の EAP 推定値に
よる散布図を示した．縦軸が 0.0 の高
さに水平な補助線を引いてある．回帰
係数 b_j が 0.0 以下であれば減量してお
り，傾きが 0.0 以上であれば減量してい
ないと解釈される．相関係数は -0.66
であり，左上から右下に向かった明確
な形状が確認できる．

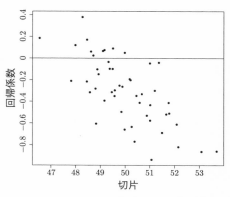

図 **9.13** 切片と回帰係数の散布図

切片が小さい場合には回帰係数が大
きい．切片 a_j を，減量開始時点の体重
とほぼ同じものとみなすと，大まかに
いって，体重の軽い被験者には減量の効果が少なく (中には逆に太った者もおり)，
逆に体重の重い被験者にはそれに応じて減量の効果があったと解釈できる．

9.3.3 モデル構成

切片 a_j と回帰係数 b_j に明確な相関が予想される階層データには

$$y_{ij} = a_j + b_j \times x_{ij} + e_{ij} \tag{9.10}$$

$$e_{ij} \sim N(0, \sigma_e) \tag{9.11}$$

$$(a_j, b_j) \sim N_2(a_0, b_0, \sigma_a, \sigma_b, \rho) \tag{9.12}$$

というモデルを想定できる．3 番目の式中の $N_2(\ )$ は 2 変量正規分布

$$f(a_j, b_j | a_0, b_0, \sigma_a, \sigma_b, \rho) = \frac{1}{2\pi\sigma_a\sigma_b\sqrt{1-\rho^2}}$$
$$\times \exp\left[\frac{-1}{2(1-\rho^2)}\left(\left(\frac{a_j-a_0}{\sigma_a}\right)^2 - 2\rho\left(\frac{a_j-a_0}{\sigma_a}\right)\left(\frac{b_j-b_0}{\sigma_b}\right) + \left(\frac{b_j-b_0}{\sigma_b}\right)^2\right)\right]$$
$$\tag{9.13}$$

である．ここで ρ は相関係数である．

　切片と回帰係数の同時事前分布として 2 変量正規分布を仮定したモデルの母数
の事後分布の要約を表 9.9 に示す．ρ 以外の母数に関しては，このデータでは大
まかな結果が似通っている．各被験者の切片と回帰係数は，表 9.9 では省略した
が，図 9.14 に a_j と b_j の EAP 推定値による 50 本の単回帰直線を示した．また
ρ の事後分布を図 9.15 にヒストグラムで示した．

表 9.9　切片と回帰係数に相関のあるモデルの母数の事後分布の要約

	EAP	post.sd	0.025	MED	0.975
σ_e	0.297	0.017	0.266	0.296	0.334
a_0	50.001	0.211	49.585	50.001	50.414
b_0	−0.299	0.049	−0.396	−0.299	−0.202
σ_a	1.461	0.156	1.194	1.448	1.802
σ_b	0.331	0.037	0.267	0.328	0.412
ρ	−0.680	0.082	−0.816	−0.689	−0.496

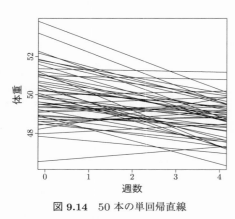

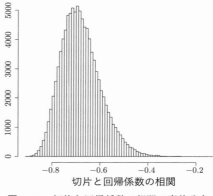

図 9.14　50 本の単回帰直線　　　　図 9.15　切片と回帰係数の相関の事後分布

9.4　レベル 2 の変数があるモデル

　前節では複数の母数の同時事前分布の相関関係を考察した．ここでは回帰モデルの母数の背後にさらに回帰モデルを設定するモデルを紹介する．これまで登場しなかった特徴として，本節にはレベル 2 の変数が登場する．

9.4.1　勤続年数と年収の分析

　表 9.10 は，500 名のビジネスパーソンの年収のデータである．ここで変数「勤続年数」は調査時点で入社何年目であるかを示している．また変数「企業」は 1 ～25 の値をとり，当該のビジネスパーソンが勤務している企業を区別している．

　表 9.11 は，25 の企業の「資本金規模」である．−2～+2 までの 5 つの値をとり，企業全体を 20%ずつに区分けしたときに，その企業がその区分に入るかを示し，値が大きいほど規模が大きい．「資本金規模」はレベル 1 のビジネスパーソン

表 **9.10** 企業別の勤続年数と年収

年収	勤続年数	企業	年収	勤続年数	企業	年収	勤続年数	企業
350	24	1	344	20	2	310	22	3
288	14	1	258	5	2	256	9	3
243	2	1	347	22	2	303	21	3
370	24	1	329	16	2	287	17	3
377	27	1	332	18	2	252	6	3
382	26	1	246	6	2	$\cdots$	$\cdots$	$\cdots$
298	11	1	296	11	2	539	15	25
343	17	1	342	19	2	815	29	25
373	22	1	247	2	2	275	1	25
321	12	1	285	13	2	545	15	25
266	8	1	382	29	2	841	29	25
294	10	1	315	18	2	598	18	25
326	14	1	359	22	2	655	20	25
404	30	1	305	12	2	679	22	25
260	5	1	368	26	2	527	14	25
334	17	1	362	24	2	315	3	25
297	10	1	287	10	2	689	22	25
352	18	1	315	17	2	679	22	25
267	4	1	360	26	2	641	20	25
371	23	1	241	3	2	752	25	25

表 **9.11** 企業の資本金の規模

資本金規模	-2	-1	0	1	2
企業	1,2,3,4,5	6,7,8,9,10	11,12,13,14,15	16,17,18,19,20	21,22,23,24,25

ではなく，レベル2の企業を測定対象としている．レベル2の観測対象を測定した変数をレベル2の変数という．

図 9.16 に 500 名全員の「勤続年数」と「年収」の散布図を示す．企業内では，大まかな傾向として，勤続年数に応じた定額の昇給が観察される．初任給に大きな差は観察されないものの，その後の年収の伸びには企業差がある．

9.4.2 モデル構成

レベル2の変数のあるデータに関しては，

$$y_{ij} = a_j + b_j \times x_{ij} + e_{ij} \tag{9.14}$$

$$e_{ij} \sim N(0, \sigma_e) \tag{9.15}$$

$$a_j \sim N(a_0 + \gamma_a \times z_j, \sigma_a) \tag{9.16}$$

$$b_j \sim N(b_0 + \gamma_b \times z_j, \sigma_b) \tag{9.17}$$

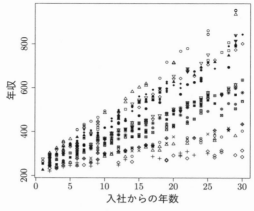

図 9.16 勤続年数と年収の分析

表 9.12 レベル 2 の変数があるモデルの母数の事後分布

	EAP	post.sd	0.025	MED	0.975
σ_e	10.336	0.347	9.683	10.326	11.040
a_0	240.356	1.503	237.464	240.342	243.365
b_0	13.176	0.438	12.314	13.177	14.044
γ_a	3.996	1.051	1.913	4.000	6.069
γ_b	4.074	0.309	3.464	4.074	4.685
σ_a	5.403	1.615	2.427	5.307	8.835
σ_b	2.147	0.344	1.598	2.103	2.939

とモデル化する．(9.14) 式はレベル 1 の観測対象に対する回帰モデルである．その切片と回帰係数の特徴の一部が，さらにレベル 2 の変数による回帰モデルで説明されている．言い換えるならばレベル 1 の回帰直線の性質を，レベル 2 の変数で理解しようと試みるモデルである．

　表 9.12 にレベル 2 の変数があるモデルの母数の事後分布を示す．γ_a は 3.996(1.051)[1.913, 6.069] であるから，資本金が大きい企業のほうが初任給が高いということが分かる．また γ_b は 4.074(0.309)[3.464, 4.685] であるから，資本金が大きい企業のほうが，その後の昇給も早いといえる．

　図 9.17 は，資本規模別に異なった線種で描いた各企業の回帰直線である．またレベル 2 の変数による各企業の切片と回帰係数に対する回帰直線を，それぞれ図 9.18 と図 9.19 に示す．資本金が大きい企業のほうが初任給も昇給も早いことが，別の形で示されている．

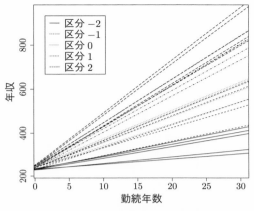

図 **9.17** レベル 1 の 25 本の回帰直線

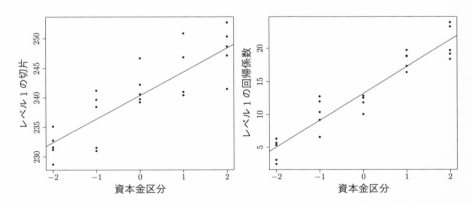

図 **9.18** レベル 2 の変数による切片に対する回帰直線

図 **9.19** レベル 2 の変数による回帰係数に対する回帰直線

9.5 傾きが共通でレベル 2 の質的変数があるモデル

前節では回帰モデルの母数の背後にさらに回帰モデルを設定し，レベル 2 の変数を予測変数として利用した．本節では，傾きが共通でレベル 2 の質的変数があるモデルを紹介する．

9.5.1 モデル構成

9.2 節で登場した高等学校の英語の成績のデータを再分析する．そこで登場し

た 10 の高等学校は，表 9.13 で示したように，「特別英語教育」を行っていた 6 校と行っていない 4 校に分類できる．変数「特別英語教育」は，2 値の変数であり，値 1 の高等学校は特別英語教育を行っており，値 0 の高等学校は行っていない．

表 9.13　特別英語教育を実施しているか否かに関するレベル 2 の変数

高等学校	1	2	3	4	5	6	7	8	9	10
特別英語教育	0	0	1	1	0	0	1	1	1	1

傾きが近似的に等しく，2 値のレベル 2 の変数がある場合には，

$$y_{ij} = a_j + b \times x_{ij} + e_{ij} \tag{9.18}$$

$$e_{ij} \sim N(0, \sigma_e) \tag{9.19}$$

$$a_j = a_0 + \gamma_a \times z_j + e_{aj} \tag{9.20}$$

$$e_{aj} \sim N(0, \sigma_a) \tag{9.21}$$

とモデルを特定する．

(9.20) 式中の z_j は 1 か 0 の値しかとらないから，特別英語教育を行っている高等学校の切片の事前分布は

$$a_j \sim N(a_0 + \gamma_a, \sigma_a)$$

となり，特別英語教育を行っていない高等学校の切片の事前分布は

$$a_j \sim N(a_0, \sigma_a)$$

となる．傾きが等しい複数の単回帰モデルは，予測変数の値 (この場合は中学の成績) によらず切片が群の効果を表現していた．したがって特別英語教育を行っていたか否かによって切片の違いを生じさせる γ_a が，特別英語教育の効果として解釈できる．

9.5.2　推定結果

傾きが共通でレベル 2 の質的変数があるモデルの母数の事後分布を表 9.14 に示す．γ_a は 4.821(2.787)[−0.762, 10.407] だから，点推定値としては特別教育をしたほうが偏差値換算で約 4.8 学力が高まる．ただし 95%両側確信区間は 0 を含んでいる．図 9.20 に特別教育をしているか否かによって線種を変えて 10 本の回帰直線を示した．特別教育をしている高等学校の回帰直線は実線で示し，していな

表 **9.14** 傾きが共通でレベル 2 の質的変数があるモデルの母数の事後分布の要約

	EAP	post.sd	0.025	MED	0.975
σ_e	3.061	0.129	2.821	3.056	3.325
a_0	−3.796	3.451	−10.588	−3.793	2.974
γ_a	4.821	2.787	−0.762	4.824	10.407
σ_a	3.997	1.305	2.307	3.726	7.252
σ_b	1.038	0.060	0.921	1.038	1.155

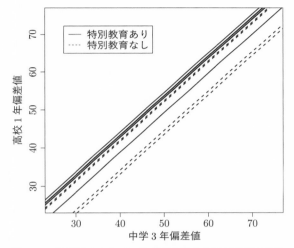

図 **9.20** 特別教育をしているか否かによる回帰直線の相違

い高等学校の回帰直線は破線で示している．実線の回帰直線のほうが上に集まる
傾向があり，全体として特別教育に効果があることが示唆されている．

　特別教育の教育効果の有無に関連した phc($0 < \gamma_a$) は 96％であった．95％両側
確信区間は 0 を含んでいても上側確率を計算する場合には，このように 95％を超
える場合もある．

　効果があることは確信できそうであるが，$0 < c$ の phc では実質的に差がある
ための必要条件にしかならない．そこで phc($c < \gamma_a$) の phc 曲線を図 9.21 に示
す．曲線の形状から，特別教育をしたほうが偏差値換算で約 1 以上は学力が高ま
るといえそうである．

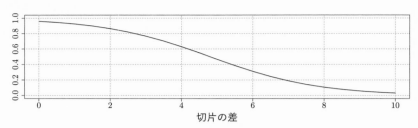

図 **9.21**　特別教育をしている高校の切片の平均の差が c 以上である確率

9.6　正　誤　問　題

以下の説明で，正しい場合は○，誤っている場合は × と回答しなさい.
1) 階層線形モデルは，多くの群に回帰分析を適用する統計モデルである.
2) 階層線形モデルには別名が多く，混合効果モデル，ランダム係数回帰モデル，マルチレベルリニアモデルなどと呼ばれることもある.
3) 複数の回帰直線を比較する際に，回帰係数が共通であると仮定できるならば，分析結果の解釈が容易になることが多い.
4) レベル 2 の変数を用いることにより，回帰モデルの母数の背後にさらに回帰モデルを設定できる.

正解はすべて○

9.7　実　習　課　題

　表 9.6 の値が 1.00 の対は，実質的に差があるための必要条件を満たしていると考えられる. 表に登場する 28 対の中から，phc(2 校の切片の差 > 偏差値 2.0) の確率が 95%以上である対を少なくとも 3 つ見つけ，phc の値を報告しなさい.

10 間接質問法

■ ■ ■

　アンケート調査では，質問に対して回答者が常に真実を回答してくれるとは限らない．たとえば「あなたは成人前に日常的にお酒を飲んでいましたか」という大学生に対する質問に，そうしていた人がどれだけ正直に回答してくれるだろうか．20 歳未満の飲酒は法律で禁止されており，仮に無記名調査であっても「いいえ」と回答する人が多いだろう．

　このような質問に対しては，社会的に望ましい虚偽の回答がなされたり，回答そのものを拒否されたりする可能性が高い．回答者によっては正直な回答がためらわれる内容について調査する場合に，できるだけ実態に近い調査結果を得るために有用な方法の一つとして**間接質問法** (indirect questioning; Chaudhuri and Christofides, 2013)[*1] がある．間接質問法とは，回答法を工夫し，調査者が回答結果を見ても各回答者の真の状態は分からないように秘匿しつつ，目的とする推定値を得る方法である．

　本章では間接質問法の中で，ランダム回答法，AR 法，アイテムカウント法という 3 つの方法を紹介する．ただし本章に登場する数値例は人工的なデータの分析である．実際のデータの分析に関しては豊田 (2018；2019)[*2] を参照されたい．

10.1 混 合 分 布

　本節では，間接質問法のデータを扱うために必要となる混合分布について学習する．年齢や性別を特定すると，身長は正規分布で近似できる場合が多いことが知

[*1] Chaudhuri, A. and Christofides, T. C. (2013) *"Indirect Questioning in Sample Surveys"*, Springer.

[*2] 豊田秀樹 (2018)『たのしいベイズモデリング―事例で拓く研究のフロンティア―』，北大路書房，第 1 章.
　　豊田秀樹 (2019)『たのしいベイズモデリング 2―事例で拓く研究のフロンティア―』，北大路書房，第 2～3 章.

られている．しかし年齢や性別が混ざ
り合った集団の身長の分布は，必ずし
も正規分布に従うとは限らない．むし
ろ近似的にも従わないほうが一般的で
ある．図 10.1 は，小学 5 年生と 20 歳
の男性が混じった 100 名の身長のヒス
トグラムである．正規分布からは遠く
かけ離れた形状をしている．この場合，
個々のデータは小学 5 年生なのか 20 歳
なのか不明 [*3)] であるとする．

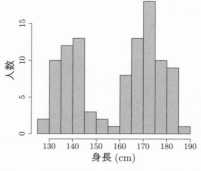

図 10.1　大人と子供の身長のヒストグラム

この集団から任意に抽出された人の身長 x は

$$f(x|p,\mu_1,\mu_2,\sigma_1,\sigma_2) = p \, \text{normal}(x|\mu_1,\sigma_1) + (1-p) \, \text{normal}(x|\mu_2,\sigma_2) \quad (10.1)$$

のような 2 つの正規分布の重み付き和で表現することができる．ここで p は第 1
群の比率であり，たとえば $p = 0.3$ であるならば，小学 5 年生と 20 歳の男性が
3 : 7 で混じっていることとなる．

混合する分布は 2 つに限定する必要はなく，群が C 個ある場合には

$$f(x|p_1,\cdots,p_C,\mu_1,\cdots,\mu_C,\sigma_1,\cdots,\sigma_C) = \sum_{c=1}^{C} p_c \, \text{normal}(x|\mu_c,\sigma_c), \quad (10.2)$$

$$\text{ただし} \quad \sum_{c=1}^{C} p_c = 1 \quad (10.3)$$

と表現され，これを混合正規分布 (normal mixture distribution) という．(10.3)
式は，観測データは必ずどこか 1 つの群に属していることを示している．

混合する分布の数を $C = 2$ とし，混合率は既知であるとして，$p = 0.4$ に固
定して母数を推定し，表 10.1 に事後分布の要約を示した．事前分布は適当な範
囲の一様分布とした．このような分析モデルを混合正規モデル (normal mixture

[*3)]　大人か子供かが不明で，しかもそれらが混じった身長のデータというのは不自然であるが，これは
あくまでも数値例である．実際にはたとえば，アイスクリームに対する消費者の好みの集団 (これ
を消費者セグメントという) はいくつに分かれ，その構成比はどれくらいかを推定する場合などに
利用できる．実践的分析では，ここでの数値例とは異なり，群数 (セグメント数) も，その内容も
不明な状況で分析が進められる．混合分布モデルの実際の応用例としては「芳賀麻誉美, 豊田秀樹
(2001) バニラアイスの製品設計要因によるベネフィット・セグメンテーション．マーケティング
サイエンス，**10**(1,2), 19–34.」などを参照されたい．

表 **10.1** 混合正規モデルの事後分布の要約

	EAP	post.sd	0.025	MED	0.975
μ_1	138.951	0.940	137.121	138.947	140.852
μ_2	172.463	0.911	170.626	172.452	174.292
σ_1	5.881	0.717	4.668	5.821	7.504
σ_2	6.863	0.708	5.687	6.783	8.483

model, 混合ガウスモデル (Gaussian mixture model)) という.

5 年生の男子の身長の平均は約 139 cm, 標準偏差は約 5.9 cm, 20 歳の男性の身長の平均は約 172 cm, 標準偏差は約 6.9 cm と推定されている. 混合分布モデルの長所は, 個々の測定値の所属集団が不明であっても各分布の性質を調べられることにある.

混合する分布は, 後述するように正規分布に限定する必要はなく,

$$f(x|\boldsymbol{\theta}) = \sum_{c=1}^{C} p_c f_c(x|\boldsymbol{\theta}) \tag{10.4}$$

と表現され, これが混合分布 (mixture distribution) の一般形である. データ $\boldsymbol{x} = (x_1, \cdots, x_n)$ の尤度は

$$f(\boldsymbol{x}|\boldsymbol{\theta}) = \prod_{i=1}^{n} f(x_i|\boldsymbol{\theta}) \tag{10.5}$$

である.

尤度は, 小さい数字の掛け算の連なりになるために扱いづらい. このため通常は MCMC 法の計算過程で, 尤度そのものではなく対数尤度を利用する. ただし混合分布モデルを利用した分析では対数尤度の計算をする際に

$$\log f(\boldsymbol{x}|\boldsymbol{\theta}) = \sum_{i=1}^{n} \log f(x_i|\boldsymbol{\theta}) \tag{10.6}$$

[(10.4) 式を代入し]

$$= \sum_{i=1}^{n} \log \left[\sum_{c=1}^{C} p_c f_c(x_i|\boldsymbol{\theta}) \right] \tag{10.7}$$

[小さい数字の掛け算が登場して望ましくないので]

$$= \sum_{i=1}^{n} \log \left[\sum_{c=1}^{C} \exp \left(\log \left(p_c f_c(x_i|\boldsymbol{\theta}) \right) \right) \right] \tag{10.8}$$

[正の値は, $a = \exp(\log(a))$ であるという性質を利用して]

$$= \sum_{i=1}^{n} \log \left[\sum_{c=1}^{C} \exp(\log(p_c) + \log(f_c(x_i|\boldsymbol{\theta}))) \right] \qquad (10.9)$$

のように一工夫を加え，桁あふれ (overflow)[*4)] を防ぐ．本章で登場するすべての混合分布の対数尤度は (10.9) 式を利用して評価する．

10.2 ランダム回答法

ランダム回答法 (randomized response technique) は，「はい」「いいえ」など2 値で回答する質問が，回答者ごとにランダムに決まる質問法である．たとえば以下のように質問する．

教示：コインを 1 回だけ投げて，表の場合には質問 (1) に，裏の場合には質問 (2) に回答してください．コインの裏とは大きな数字が印刷された面です．
　　質問 (1) 危険ドラッグを使ったことがありますか．
　　質問 (2) あなたの携帯電話の末尾は偶数ですか．
　　　(A) はい　　　(B) いいえ

用意したコインを投げ，表が出たら質問 (1) に正直に回答してもらい，裏が出たら質問 (2) に正直に回答してもらう．ここで大事なことはコイン投げの結果は回答者本人にしか分からないということである．回答者が「はい」を選択したとしても，コインの表が出て質問 (1) に対して「はい」と回答したのか，コインの裏が出て質問 (2) に対して「はい」と回答したのかは，アンケート実施者には分からない．調査票に知られたくないことに関する確定的な痕跡が残らないことがミソである．質問 (1) のように本来調査したい質問内容を**キー項目** (key item) という．質問 (2) のようにキー項目への回答の痕跡を隠すための質問内容を**マスク項目** (mask item) という．

10.2.1 簡　便　法

回答者数を n，キー項目の母比率を p，マスク項目に当てはまる母比率を π，この間接質問に「はい」と回答する母比率を ϕ とする．ここで p は危険ドラッグを使ったことのある人の比率である．π は携帯電話の末尾が偶数である比率である．

[*4)]　扱える数値や桁数の最大値を超え，記憶装置上の格納域に記録できる範囲を超えてしまう現象．

ϕ は調査票に「はい」と書かれる比率である.

コインの表が出る確率を $1/2$ とする. このとき以下の関係式

$$n\phi = \frac{1}{2} \times np + \frac{1}{2} \times n\pi \tag{10.10}$$

が導かれる. これを p について解くと,

$$p = 2\phi - \pi = 2\phi - 0.5 \tag{10.11}$$

となる. マスク項目に当てはまる (偶数である) と答える確率 π を 0.5 として, ϕ の推定量としては調査の結果から計算した標本比率を用いることにより, p を推定する. この推定量には分布の仮定がなく, 簡便で初等的である.

10.2.2 ベルヌイモデル

分布を仮定する際には, 「はい」ならば $x = 1$, 「いいえ」ならば $x = 0$ をとる確率変数が

$$f(x|p) = \frac{1}{2} \times \text{Bernoulli}(x|p) \times \frac{1}{2} \times \text{Bernoulli}(x|\pi = 0.5) \tag{10.12}$$

というベルヌイ分布の混合分布に従うとする. $\boldsymbol{x} = (x_1, x_2, \cdots, x_i, \cdots, x_n)$ とすると, 尤度と事後分布はそれぞれ以下となる.

$$f(\boldsymbol{x}|p) = \prod_{i=1}^{n} f(x_i|p) \tag{10.13}$$

$$f(p|\boldsymbol{x}) \propto f(\boldsymbol{x}|p)f(p) \tag{10.14}$$

は事前分布 $f(p)$ としては, 無情報的一様分布 $[0, 1]$ を利用する.

10.2.3 危険ドラッグの経験比率

有効回答のうち「はい」が 1168 人, 「いいえ」が 3072 人であった. (10.11) 式の推定式では

$$p = 2 \times \frac{1168}{1168 + 3072} - 0.5 = 0.051 \tag{10.15}$$

となった. このデータでは大丈夫であったが, 推定値が負の値になりうることは (10.11) 式の推定量の欠点である. 特に危険ドラッグの経験比率のようにもともとの母比率が 0 に近いテーマでは, 推定値が負の値になりやすい.

表 10.2 に p の事後分布の要約を示し, 図 10.2 にそのヒストグラムを示す. EAP 推定値は 5.1% であり, MED 推定値は 5.1% であった. 最尤推定値に一致する MAP

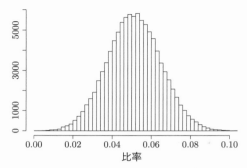

図 **10.2** 危険ドラッグの経験比率の事後分布

表 **10.2** 危険ドラッグの経験比率の事後分布の要約

	EAP	post.sd	0.025	MED	0.975
p	0.051	0.014	0.025	0.051	0.078

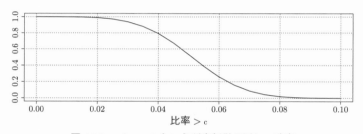

図 **10.3** $p(p > c)$ という研究仮説が正しい確率

推定値は 5.2% であった.

　$p(p > c)$ という研究仮説が正しい確率の曲線を図 10.3 に示す. 100 人いたら少なくとも 3 人以上は該当者であると確信をもてる曲線である.

10.3 Aggregated Response 法

　aggregated response 法 (AR 法) は, 調査で本当に知りたいキー項目が, 年収や頻度, 人数など, 数値として回答される場合に利用される間接質問法である.

10.3.1 異性との性行為の経験人数

　たとえば学校での性教育に際して, 有効な知識の伝達法を探るため, 性行為の経験について実態調査を行いたい場合があるだろう. 「これまでの人生で何人の

異性と性行為をしたか」をキー項目として，生徒の平均的な経験人数およびその
分布を調査する．調査の前には以下のような教示をすることが大切である．

- 個人情報と統計情報は異なり，アンケートは後者を調べることを目的としている．
- 調査はウェブ上で，無記名で行うのでプライバシーは守られる．
- 研究責任者として，個人の特定を絶対しないことを宣誓する．
- 悪意のある第三者によって，万が一，個人名とキー項目が明かされたとしても，誰も見ていないところでコイントスしていれば，被験者のプライバシーは守られる．
- それでもやりたくない人はアンケートに答えなくてよい．
- 回答したか否かにかかわらず，全員に調査結果をメールで報告する．
- 参加者が指示を守ることにより，報告される調査結果が信用できる内容になる．

AR 法では，回答に先立って回答者は結果を誰にも知られないようにコイントスを行う．表が出た場合には，経験人数 x に自身が一番よく使う携帯電話番号の末尾下 1 桁の数字 m を足した値 $y = x + m$ を回答してもらう．裏が出た場合には経験人数から携帯電話番号の下 1 桁の数字を引いた値 $y = x - m$ を回答してもらう．

10.3.2 簡便法

観察される変数 y の期待値は

$$E[y] = 0.5 \times E[x + m] + 0.5 \times E[x - m]$$
$$= 0.5 \times E[x] + 0.5 \times E[m] + 0.5 \times E[x] - 0.5 \times E[m]$$
$$= E[x] \tag{10.16}$$

のように知りたい変数 x の期待値に一致する．したがって単純に y の平均値が，x の平均値の推定量となる．この推定量には分布の仮定がなく，簡便で初等的である．ただしこの推定量では，推定値が負の値になる可能性があるという欠点がある．また x の分布を調べることもできない．

10.3.3 混合分布によるモデル化

足すか引くかを決める確率変数を

$$u = \begin{cases} 1 & y = x + m \\ 0 & y = x - m \end{cases} \tag{10.17}$$

とする. マスクは

$$\boldsymbol{m} = (\{m_j\}), \quad j = 1, \cdots, J \tag{10.18}$$

のように J 個の要素とする. たとえばマスクが携帯電話の下 1 桁ならば, $J = 10$ であり, $\boldsymbol{m} = (0\ 1\ 2\ 3\ 4\ 5\ 6\ 7\ 8\ 9)$ となる. マスクが誕生日月なら $J = 12$ であり, $\boldsymbol{m} = (1\ 2\ 3\ 4\ 5\ 6\ 7\ 8\ 9\ 10\ 11\ 12)$ となる. ただし, コインを振るなど, u が母比率 0.5 のベルヌイ分布に従っているならば,

$$\boldsymbol{m}' = (-1 \times \boldsymbol{m}_j, \boldsymbol{m}_j) = (\{m_k'\}), \quad k = 1, \cdots, 2 \times J \tag{10.19}$$

と表記し直し,

$$y = x + m_k' \tag{10.20}$$

のように 1 つの式で表現できる.

たとえばマスクが携帯電話の下 1 桁ならば $\boldsymbol{m}' = (-9\ -8\ \cdots\ -1\ 0\ 0\ 1\ \cdots\ 8\ 9)$ となる. マスクが誕生日月ならば $\boldsymbol{m}' = (-12\ -11\ \cdots\ -2\ -1\ 1\ 2\ \cdots\ 11\ 12)$ となる.

キー項目 x の確率分布としては

$$f(x|\boldsymbol{\theta}) = \begin{cases} \mathrm{Poisson}(x|\lambda) \\ \mathrm{normal}(x|\mu, \sigma) \\ \quad \vdots \end{cases} \tag{10.21}$$

のように, ポアソン分布や正規分布など研究対象の性質に合わせて選べる.

たとえば「性行為の経験人数」は負の値にはならないし, 大学生対象の調査ならば平均値はそれほど大きくはならないだろうから, ここではポアソン分布を仮定する.

観測変数 y は, 次のような混合分布

$$f(y|\lambda) = \sum_{k \subset A} p(m_k')\mathrm{Poisson}(x|\lambda) \tag{10.22}$$

$$= \sum_{k \subset A} p(m_k')\mathrm{Poisson}(y - m_k'|\lambda) \tag{10.23}$$

に従う. ここで A は, キー項目の分布の特性から考えて可能であったマスクの集合である. たとえばキー項目がポアソン分布に従い, マスクが携帯電話の下 1 桁の場合で, $y = 3$ だったときは, $A = \{-9\ -8\ \cdots\ -1\ 0\ 0\ 1\ 2\ 3\}$ となる. この

場合はマスクが 4 以上であると，$x < 0$ となってしまうから論理的にありえない．

式中の $p(m'_k)$ はマスクの出現確率であり，携帯電話の下 1 桁や，誕生日月の出現確率である．公的資料で調べることができれば，それを使用したほうがよいが，ここでは等確率とする．したがって，観測変数 y の分布は

$$f(y|\lambda) = \sum_{k \subset A} \frac{1}{N(k \subset A)} \mathrm{Poisson}(y - m'_k|\lambda) \qquad (10.24)$$

と導かれる．ただし，$N(\ )$ は集合の要素数を返す関数である．

n 人の被験者の観測データを

$$\boldsymbol{y} = (\{y_i\}), \quad i = 1, 2, \cdots, n \qquad (10.25)$$

と表記すると，尤度は

$$f(\boldsymbol{y}|\lambda) = \prod_{i=1}^{n} f(y_i|\lambda) \qquad (10.26)$$

である．λ の事前分布には適当な一様分布を仮定し，事後分布を

$$f(\lambda|\boldsymbol{y}) \propto f(\boldsymbol{y}|\lambda)f(\lambda) \qquad (10.27)$$

のように導く．

10.3.4 推 定 結 果

330 人による回答 y のヒストグラムを図 10.4 に示す．(10.16) 式による簡便推定法となる平均値は 1.1 人であった．表 10.3 に事後分布の要約を示し，図 10.5

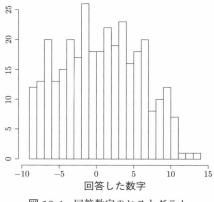

図 10.4 回答数字のヒストグラム

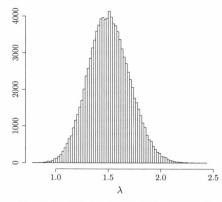

図 10.5 ポアソン分布の母数の事後分布

表 10.3 λ の事後分布の要約

	EAP	post.sd	0.025	MED	0.975
λ	1.508	0.198	1.133	1.502	1.911

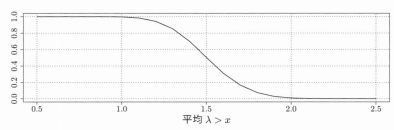

図 10.6 $p(\lambda > c)$ という研究仮説が正しい確率

にそのヒストグラムを示す.歪みが少なく,EAP 推定値も MED 推定値も 1.5 人である.post.sd は 0.198 人であるから平均経験人数は解釈に耐えうる.

図 10.6 に $p(\lambda > c)$ という研究仮説が正しい確率の曲線を示した.確信をもって平均人数 (λ) は 1 人以上と結論してよいだろう.

簡便法では求めることができなかった経験人数 x の事後予測分布

$$x^{*(t)} \sim \mathrm{Poisson}(\lambda^{(t)}) \tag{10.28}$$

を図 10.7 に示す.

また表 10.4 に事後予測分布の確率分布と累積確率を示す.未経験は 22.5%,1 人経験者は 33.2%,2 名経験者は 24.7%,3 人経験者は 12.7%,4 名経験者は 4.9%で

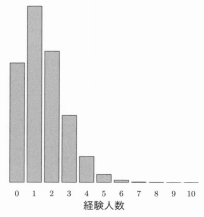

図 10.7 経験人数の事後予測分布

表 10.4 経験人数の確率と累積確率

人数	0	1	2	3	4
確率	0.225	0.332	0.247	0.127	0.049
累積確率	0.225	0.557	0.804	0.931	0.980
人数	5	6	7	8	9
確率	0.015	0.004	0.001	0.000	0.000
累積確率	0.995	0.999	1.000	1.000	1.000

ある.

　1 名以下経験は 55.7%，2 名以下経験は 80.4%，3 名以下経験は 93.1%，4 名以下経験は 98.0%である.

10.4　アイテムカウント法

　アイテムカウント法 (item count technique) は，デリケートな内容に関して直接的に経験の有無を質問する代わりに，複数の項目を提示し，そのうち当てはまる項目の数のみを回答してもらうことで，回答者のプライバシーを守り，正直な回答を促す方法である.

10.4.1　短リスト・長リスト
　アイテムカウント法では，以下のように，それぞれ複数の項目から構成されるリストを 2 つ用意する.

┌─ 短リスト ─────────────────────────────

　漢方薬を飲んだことがある
　睡眠薬を飲んだことがある
　サプリメントを飲んだことがある
　タバコを吸ったことがある
　カフェイン錠剤を飲んだことがある
　パラピリポレンを飲んだことがある

┌─ 長リスト ─────────────────────────────

　漢方薬を飲んだことがある
　睡眠薬を飲んだことがある
　危険ドラッグを吸引または摂取したことがある　　　　(キー項目)
　サプリメントを飲んだことがある
　タバコを吸ったことがある
　カフェイン錠剤を飲んだことがある
　パラピリポレンを飲んだことがある

2 つのリストのうち一方は，キー項目を含む長リスト，もう一方は長リストに含まれるうちキー項目以外の項目のみで構成される短リストである．キー項目以外

の項目は，すべてマスク項目である．

アイテムカウント法では，回答者集団を独立かつ等質な 2 つの集団 (集団 A と集団 B) に分ける．そして，集団 A には短リストを提示し，その中で当てはまる項目の個数を回答してもらい，集団 B には長リストを提示し，その中で当てはまる項目の個数を回答してもらう．この方法では，すべての項目に当てはまる，もしくはすべての項目に当てはまらないという回答結果でない限り，長リストを提示した集団 B の各回答者がキー項目に当てはまると答えたか否かについて調査者が特定することはできない．したがってすべてに当てはまってしまう母比率が低くなるようにマスク項目の組み合わせを作ることが肝要 *5) である．

短リストの項目数を多くするとすべてに当てはまる母比率が低くなるし，長リストにも安心して正直に答えられるようになる．逆に短リストの項目数を少なくするとすべてに当てはまる母比率が高くなるし，長リストにも正直に答えることが怖くなる傾向がある．ただし短リストの項目数を多くすると，同じデータ数に対して，母数の post.sd が大きくなる傾向がある．短リストの項目数にはこのようなトレードオフの性質がある．

10.4.2 簡 便 法

短リストを提示した集団 A において得られた項目数の平均を $\bar{x}_A$，長リストを提示した集団 B において得られた項目数の平均を $\bar{x}_B$ とすると，キー項目に当てはまると答える回答者の割合 p の推定値は，

$$\hat{p} = \bar{x}_B - \bar{x}_A \tag{10.29}$$

によって得ることができる．従来のアイテムカウント法では，この $\hat{p}$ を，キー項目の内容について経験したことのある回答者の比率として解釈する．この簡便推定法には，これまでと同様に負の値になる可能性がある．

10.4.3 モ デ ル

短リストには K 個の項目があり，k 個当てはまる確率を θ_k (ただし $k = 0, \cdots, K$) とする．長リストには，短リストの K 個の項目とキー項目の合計 $K+1$ 個の項目があり，k 個当てはまる確率を θ_k^* (ただし $k = 0, \cdots, K+1$) とする．これを

---

*5) 先の例では「漢方薬・睡眠薬・サプリメント・タバコ・カフェイン錠・パラピリポレン」をすべて経験した人の母比率が高い場合は，そのような人が長リストのキー項目に正直に答えにくくなってしまう．しかしその母比率は極めて低い．なぜならばパラピリポレンという薬は存在しないからである．

まとめて

$$\boldsymbol{\theta} = (\theta_0, \cdots, \theta_K) \tag{10.30}$$

$$\boldsymbol{\theta}^* = (\theta_0^*, \cdots, \theta_{K+1}^*) \tag{10.31}$$

と表記する. $\boldsymbol{\theta}$ も $\boldsymbol{\theta}^*$ も, それぞれ要素の和は 1 である.

短リストには k 個当てはまるが, キー項目には当てはまらない同時確率を π_{k0} と表記し, キー項目に当てはまる同時確率を π_{k1} と表記する. 本モデルの推定目標である「キー項目に当てはまる確率」は, 短リストへの反応によらないキー項目に当てはまる周辺確率

$$p = \sum_{k=0}^{K} \pi_{k1} \tag{10.32}$$

である. 右辺の要素をまとめて

$$\boldsymbol{\pi}_1 = (\pi_{01}, \cdots, \pi_{K1}) \tag{10.33}$$

と表記する. 短リストに k 個当てはまる確率は

$$\theta_k = \pi_{k0} + \pi_{k1}, \qquad k = 0, \cdots, K \tag{10.34}$$

であり, 長リストに k 個当てはまる確率は

$$\theta_0^* = \pi_{00} \tag{10.35}$$

$$\theta_k^* = \pi_{k0} + \pi_{k-1\,1}, \qquad k = 1, \cdots, K \tag{10.36}$$

$$\theta_{K+1}^* = \pi_{K\,1} \tag{10.37}$$

である.

(10.32) 式より, π_{k1} が分かればキー項目を経験している母比率が判明し, 目的を達する. また θ_k^* と θ_k はデータから直接的に情報が得られる. したがって π_{k0} を消去すればよい. 方針としては, θ_k^* を θ_k と π_{k1} のみによって表現する.

まず (10.34) 式と (10.35) 式から

$$\theta_0^* = \theta_0 - \pi_{01} \tag{10.38}$$

であり, 次に (10.34) 式と (10.36) 式から

$$\theta_k^* = \theta_k - \pi_{k1} + \pi_{k-1\,1}, \qquad k = 1, \cdots, K \tag{10.39}$$

である. (10.37) 式の θ_{K+1}^* には，もともと π_{k0} が含まれていない.

短リストに k 個当てはまった回答者が x_k 人観察され，長リストに k 個当てはまった回答者が x_k^* 人観察されたときに，これらをまとめて

$$\boldsymbol{x} = (x_0, \cdots, x_K) \tag{10.40}$$

$$\boldsymbol{x}^* = (x_0^*, \cdots, x_{K+1}^*) \tag{10.41}$$

と表記する.

$\boldsymbol{x}$ と $\boldsymbol{x}^*$ が，それぞれ母数 $\boldsymbol{\theta}$ と $\boldsymbol{\theta}^*$ の多項分布に従っているとすると，尤度は

$$f(\boldsymbol{x}, \boldsymbol{x}^*|\boldsymbol{\theta}, \boldsymbol{\theta}^*) = \mathrm{Multinomial}(\boldsymbol{x}|\boldsymbol{\theta}) \times \mathrm{Multinomial}(\boldsymbol{x}^*|\boldsymbol{\theta}^*)$$

のような2つの多項分布の積で表現される. しかし (10.38) 式, (10.39) 式, (10.37) 式により，$\boldsymbol{\theta}^*$ は $\boldsymbol{\theta}$ と $\boldsymbol{\pi}_1$ の関数として表現されているから，

$$f(\boldsymbol{x}, \boldsymbol{x}^*|\boldsymbol{\theta}, \boldsymbol{\pi}_1) = \mathrm{Multinomial}(\boldsymbol{x}|\boldsymbol{\theta}) \times \mathrm{Multinomial}(\boldsymbol{x}^*|\boldsymbol{\theta}, \boldsymbol{\pi}_1) \tag{10.42}$$

となる. $\boldsymbol{\theta}$ の事前分布には，非負で和が1である simplex 型の無情報的事前分布を用いる. $\boldsymbol{\pi}_1$ に関しては2段階の手続きを踏む. まずキー項目に当てはまるという条件付きの，短リストの確率ベクトル

$$\boldsymbol{\pi}_1/p \tag{10.43}$$

を非負で和が1である simplex 型の無情報的事前分布によって用意する. 次に，そのベクトルにキー項目に当てはまる確率 p を乗じて，和が p になる (10.32) 式の制約を表現する. p の事前分布は区間 [0,1] の一様分布とする.

10.4.4　$K = 2$ とした場合のモデルの確認

モデル構成が複雑なので，$K = 2$ とした場合でモデルの確認をする. 短リストを先述の上から2つ ($K = 2$) とし，「漢方薬を飲んだことがある」「睡眠薬を飲んだことがある」としよう. キー項目は「危険ドラッグを吸引または摂取したことがある」である.

(10.30) 式は短リストの経験数の比率，(10.31) 式は長リストの経験数の比率

$$\boldsymbol{\theta} = (\theta_0, \theta_1, \theta_2) \tag{10.44}$$

$$\boldsymbol{\theta}^* = (\theta_0^*, \theta_1^*, \theta_2^*, \theta_3^*) \tag{10.45}$$

であり，添え字で経験数を表現している. 長リストがキー項目の分で1つ多い.

(10.32) 式は，目標となる危険ドラッグ経験の母比率を，生成量

$$p = \pi_{01} + \pi_{11} + \pi_{21} \tag{10.46}$$

として表現している．なぜこのように表現できるのだろう．この式は，

「短リストを 0 個経験し，かつ危険ドラッグを経験した比率」と

「短リストを 1 個経験し，かつ危険ドラッグを経験した比率」と

「短リストを 2 個経験し，かつ危険ドラッグを経験した比率」とを加えている．前半は，同時には成り立たない．したがって，その総和 p は「危険ドラッグを経験した比率」となる．

次に短リストの経験数比率の別表現を (10.34) 式で与えている．(10.34) 式は，この場合は 3 つの式で表現され

$$\theta_0 = \pi_{00} + \pi_{01}, \tag{10.47}$$

$$\theta_1 = \pi_{10} + \pi_{11}, \tag{10.48}$$

$$\theta_2 = \pi_{20} + \pi_{21} \tag{10.49}$$

となる．具体的にたとえば 2 番目の式は，短リストを 1 個経験したと回答する確率である．ちょっとトリッキーだけれども，これは

「短リストを 1 個経験し，かつ危険ドラッグを経験していない比率」と

「短リストを 1 個経験し，かつ危険ドラッグを経験している比率」との和である．今度は後半が同時に成り立たない．よく考えてほしい．

最後に，(10.35) 式から，(10.39) 式までで長リストの経験数比率と $\boldsymbol{\pi}_0$ を連立方程式から

$$\theta_0^* = \pi_{00} \qquad = \theta_0 - \pi_{01}, \tag{10.50}$$

$$\theta_1^* = \pi_{10} + \pi_{01} = \theta_1 - \pi_{11} + \pi_{01}, \tag{10.51}$$

$$\theta_2^* = \pi_{20} + \pi_{11} = \theta_2 - \pi_{21} + \pi_{11}, \tag{10.52}$$

$$\theta_3^* = \pi_{21} \qquad = \qquad \pi_{21} \tag{10.53}$$

のように消去している．具体的にたとえば 2 番目の式は，長リストを 1 個経験したと回答する確率である．これは

「短リストを 1 個経験し，かつ危険ドラッグを経験していない比率」と

「短リストを 0 個経験し，かつ危険ドラッグを経験している比率」との和である．さらに (10.48) 式から $\pi_{10} = \theta_1 - \pi_{11}$ であり，それを代入したのが最右辺で

ある.

　長リストの経験数比率とキー項目を経験していない比率は，すべて消去されたので，(10.42) 式には $\boldsymbol{\theta}^*$ と $\boldsymbol{\pi}_0$ が登場しない．ゆえに尤度関数には $\boldsymbol{\theta}^*$ と $\boldsymbol{\pi}_1$ のみが登場し，$\boldsymbol{\pi}_1$ の総和が求めるべき生成量となる．

10.4.5　推 定 結 果

　本章冒頭の $K = 6$ の短リストと長リストに対する度数分布は表 10.5 のようになった．さすがに長リストで 7 (全部当てはまる) と回答した被験者はいない．短リストで 6 (全部当てはまる) と回答した被験者が 96 人 (12.6%) いるから，本来，長リストで 7 と回答すべき被験者もいたのかもしれない．

表 10.5　短リストと長リストに対する該当数による度数分布

該当数	0	1	2	3	4	5	6	7	計
短リスト	107	133	160	80	75	110	96	−	761
長リスト	98	142	166	75	82	104	135	0	802

　キー項目の比率に関する事後分布の要約を表 10.6 に示した．危険ドラッグの経験率は $0.047(0.041)[0.001, 0.148]$ であり，点推定値は 4.7%であり，およそ 20 人に 1 人である．

表 10.6　p の事後分布の要約

	EAP	post.sd	0.025	MED	0.975
p	0.047	0.041	0.001	0.038	0.148

10.5　実 習 課 題

1) ランダム回答法のキー項目 (イエス or ノーを答える質問文) を作ってみよう．

　教示：コインを 1 回だけ投げて，表の場合には質問 (1) に，裏の場合には質問 (2) に回答してください．コインの裏とは大きな数字が印刷された面です．
　質問 (1)　　＊＊＊＊＊
　質問 (2) あなたの携帯電話の末尾は偶数ですか．
　　(A) はい　　　(B) いいえ

＊＊＊＊＊に当てはまる質問を入れなさい．

2) アイテムカウント法の長リスト (4 項目) を作り，キー項目には＊をつけなさい．
例： 回答が 4 個や 0 個にならないように，キー項目が浮いてばれないように
作る．

┌─ リスト (長リスト) ─────────────────────────

　海外旅行をしたことがある
　サウナに入ったことがある
　＊同性の人と恋人になりたい
　美容整形したことがある

└───

11 項目反応理論

■ ■ ■

　項目反応理論 (item response theory, IRT) はテストを作成・実施・評価・運用するための実践的な数理モデルである．項目反応理論は米国はもとより，ヨーロッパの多くの国でもテスト理論のスタンダードとして不動の地位を築いている．中国や台湾など，アジア諸国の試験の運用にも使用され，わが国においても TOEIC (Test of English for International Communication) や SPI (Synthetic Personality Inventory) をはじめとする大手の試験のオペレーションに利用されている．項目反応理論の長所は以下のようにまとめることができる．

- 複数のテスト間の結果の比較が容易である．偏差値を主体とする旧来型のテストでは，問題内容の異なる複数のテストの受験結果を比較することが難しかった．

- どのレベルでもオールマイティに測定できるテストは存在しない．その意味で従来の信頼性という概念は不十分であった．IRT を用いると，どの尺度のレベルで，そのテストがどの程度の測定精度を保持しているかを把握することが可能である．

- 平均点をテスト実施前に制御できる．実施前の段階で，たとえば世界史と日本史の平均点を 60 点ほどに揃えて選択の影響を少なくしたいなどという要請に応えることができる．

- テスト得点の対応表が作成できる．入門者向けのテストの 82 点の実力は，上級者向けのテストの 43 点に相当するなど，去年の入社試験の 75 点は，今年のそれの 72 点に相当するなど，対応するレベルを 1 点刻みで用意できる．

- 受験者ごとに最適な問題を瞬時に選び，その場で出題できる．全員が同じ問題を受験するのではなく，個々人のレベルにあった問題を解かせ，測定精度を保ったまま問題数を減らすことが可能である．大きな会場での同時オペレーションを避けられる．これをコンピュータ適応型テスト (Computer–Adaptive Testing, CAT) という．

11.1 2値項目の項目特性曲線

テストは複数の項目 (問題と質問をまとめて項目と呼ぶ) から構成される. 項目に対する反応はしばしば2値で表現される. たとえば学力試験における「正答・誤答」や, 性格検査における「はい・いいえ」等である. 本節ではまず, 2つの値をとる項目の2母数正規累積モデルを紹介する.

11.1.1 2母数正規累積モデル

知能や学力や性格など, 測定目的となる1次元の潜在特性を θ で表現する. 特定の尺度値 θ である被験者が j 番目の質問に「はい」と回答する, あるいは j 番目の問題に「正答」する確率を

$$p_j(\theta) = \text{s\_normal\_cfd}(a_j(\theta - b_j)) \tag{11.1}$$

と表現するモデルを**2母数正規累積モデル** (two parameter normal ogive model) という. θ を**被験者母数** (subject parameter) という. ここで s_normal_cfd( ) は, 標準正規分布の**累積分布関数** (cumulative distribution function) であり,

$$\text{s\_normal\_cfd}(x) = \int_{-\infty}^{x} \frac{1}{\sqrt{2\pi}} \exp\left(\frac{-1}{2} z^2\right) dz \tag{11.2}$$

のように標準正規分布の密度関数を $-\infty$ から x まで定積分した関数である.

a_j と b_j は項目の性質を決めており, まとめて**項目母数** (item parameter) と呼ばれる. 項目母数があらかじめ値が分かっている (すでに推定されている) ものとすると, (11.1) 式は被験者母数 θ の関数となる. θ の関数で項目に対する反応確率を表現する曲線を, 一般的に**項目特性曲線** (item characteristic curve, ICC), あるいは**項目反応関数** (item response function, IRF) という.

11.1.2 2母数ロジスティックモデル

項目特性曲線 ICC は, 正規累積モデルだけではない. (4.7) 式で学習したロジスティック変換

$$p_j(\theta) = \text{logistic}(1.7(a_j(\theta - b_j))) = \frac{1}{1 + \exp(-1.7(a_j(\theta - b_j)))} \tag{11.3}$$

を用いることもでき, これを**2母数ロジスティックモデル** (two parameter logistic model) という. 式中の 1.7 は, 正規累積モデルとロジスティックモデルが近似す

る *1) ように選ばれた定数である．実践的には積分計算のないロジスティックモデルが多用されている．しかし両者には実質的な分析結果の違いはない．そこで本章では両者を等しいものとみなし

$$F(a_j(\theta - b_j)) = \text{s\_normal\_cfd}(a_j(\theta - b_j)) = \text{logistic}(1.7(a_j(\theta - b_j))) \quad (11.4)$$

という表記を利用する．

11.1.3 項目困難度

ICC 中の b_j は項目 j の難しさ (あるいは「はい」の言いにくさ) を決める母数であり，**項目困難度** (item difficulty) や**困難度母数**，あるいは単に**困難度**と呼ばれる．たとえば困難度 b_j を，$-2, -1, 0, 1, 2$，に変化させて ICC を描いたものが図 11.1 である．すべての項目で $a = 1$ とした．仮に $\theta = 0.0$ を小学 1 年生の平均的な理解のレベルとしよう．このとき $b_j = -2, -1, 0, 1, 2$ の 5 つの項目に正答する確率は，図 11.1 の横軸の 0.0 の点から垂線を立てて，曲線と交わった値であり，それぞれ 0.968, 0.846, 0.500, 0.154, 0.032 *2) である．これは同時に $\theta = 0.0$ の被験者が，それぞれの質問に「はい」と回答する確率としても利用できる．このように困難度の高い項目ほど正答しにくい (「はい」と言いにくい) 性質が表現

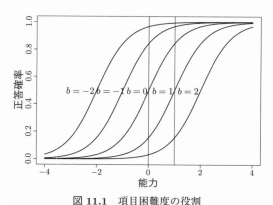

図 **11.1** 項目困難度の役割

---

*1) 定数として 1.7 を選ぶと，θ の全域にわたって，(11.1) 式と (11.3) 式の食い違いは 0.01 以下となる．

*2) たとえば θ を計算に関する学力とするならば，$b_j = -2, -1, 0, 1, 2$ の問題としては，「$1 + 1$」「$7 + 8$」「$7 - 4$」「$12 - 5$」「3×6」などをイメージされたい．θ が上昇すると (計算力が伸びると) 5 つの問題に対する正答率も上昇する．

されている.

また $\theta = 1.0$ とすると,5つの項目に対する確率は一様に上昇することが確認できる.これは学力が高くなると正答確率が上昇することに対応している.

11.1.4 項目識別力

ICC 中の a_j は項目識別力 (item discrimination) や識別力母数,あるいは単に識別力と呼ばれる.2母数モデルでは,識別力母数によって,ICC が急激に立ち上がる項目と緩慢に立ち上がる項目の相違を表現する.図 11.2 に,困難度母数を $b_j = 0$ とし,識別力母数を $a_j = 0.5, 1.0, 2.0$ とした場合の ICC を描いた.識別力が高くなると ICC が $\theta = b_j$ の付近で急激に立ち上がる様子が示されている.急激に立ち上がる $a_j = 2.0$ の項目は,ある能力レベルで習得される課題である.サッカーを例にとろう.$a_j = 2.0$ の項目は「ドリブルをミスなしでコート 1 周できる」に相当する項目である.$a_j = 0.5$ の項目は,なかなか完全には習得されない課題であり,「ペナルティキックを 1 回成功させる」に相当する項目である.

仮に $\theta = -2.0$ をサッカーを始めた日程度の技能としよう.$a_j = 0.5$ と $a_j = 2.0$ の項目に正答 (成功) する確率は,図 11.2 の横軸の -2.0 の点から垂線を立てて,曲線と交わった値であり,計算すると,それぞれ $0.155, 0.001$ である.ペナルティキックはたまには入るが,ドリブルコート 1 周はまず無理であることがわかる.

また $\theta = 1.0$ を高校のサッカー部の選手レベルの技能としよう.$a_j = 0.5$ と $a_j = 2.0$ の項目に正答 (成功) する確率を計算すると,それぞれ $0.701, 0.968$ である.選手でもペナルティキックはたまに外し,ドリブルコート 1 周は確実にク

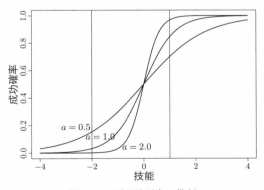

図 **11.2** 項目識別力の役割

リアできることが表現されている.

11.1.5 指導性・リーダーシップテスト

表 11.1 は,「指導性・リーダーシップ」の高さを測定する 6 つの質問項目の内容と項目の母数である. 各質問には「はい」または「いいえ」で回答する.

図 11.3 には指導性・リーダーシップ尺度の 6 つの項目の ICC を示した. 本章では,項目の母数がどのように推定されたのかについては割愛し,解釈の方法を論じる.「1. 私の意見は仲間に反映されることが多い」は ICC が最も左に描かれている. これは困難度が最小であるためである. 平均的に一番「はい」と言いやすい質問である.「2. 人を引っ張っていく力がある」は困難度が最大の項目である. 平均的に一番「はい」と言いにくい質問である.

「4. 仲間に明確なアドバイスを与えることができる」は最も識別力が高い項目である. $b_4 = -0.744$ 付近で急激に「はい」と回答する確率が変化している. それに対して「6. 対立している仲間の仲裁が得意である」は最も識別力が低い項目である. 全域にわたり「はい」と回答する確率は緩慢に変化している. このためリーダーシップの低い被験者にとっては項目 6 のほうが「はい」と言いやすく,

表 11.1 指導性・リーダーシップ尺度の項目 (2 値)

項目内容	識別力 a_j	困難度 b_j
1. 私の意見は仲間に反映されることが多い	0.607	-0.947
2. 人を引っ張っていく力がある	0.854	-0.047
3. 集団の中ではリーダーシップを発揮する	0.637	-0.250
4. 仲間に明確なアドバイスを与えることができる	1.789	-0.744
5. 自分は仲間の中でまとめ役である	0.985	-0.289
6. 対立している仲間の仲裁が得意である	0.446	-0.253

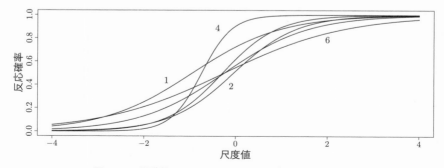

図 11.3 指導性・リーダーシップの尺度の項目の ICC

リーダーシップの高い被験者にとっては項目 4 のほうが「はい」と言いやすい.

11.1.6 尺度値・偏差値の事後分布

テスト中の j 番目の項目に対する反応を u_j と表記し,

$$u_j = \begin{cases} 1\text{「いいえ」} & \text{または「誤答」} \\ 2\text{「はい」} & \text{または「正答」} \end{cases} \tag{11.5}$$

とする. u_j が観測される確率は

$$f(u_j|\theta) = \begin{cases} u_j = 1 \text{ のとき} & 1 - p_j(\theta) \\ u_j = 2 \text{ のとき} & p_j(\theta) \end{cases} \tag{11.6}$$

である.

項目全体に対する反応を

$$\boldsymbol{u} = (u_1, \cdots, u_j, \cdots, u_J) \tag{11.7}$$

と表記する. 項目数は J であり, 先の例では $J = 6$ である. θ が所与であるときに, 項目間の反応が独立であることを**局所独立** (local independence) といい, 局所独立の仮定が成り立っている場合には θ の尤度は

$$f(\boldsymbol{u}|\theta) = \prod_{j=1}^{J} f(u_j|\theta) \tag{11.8}$$

である. 潜在特性 (学力や性格) θ の事前分布は標準正規分布とする. したがって θ の事後分布は

$$f(\theta|\boldsymbol{u}) \propto f(\boldsymbol{u}|\theta) \, \text{normal}(\theta|0, 1) \tag{11.9}$$

である. 生成量としては偏差値

$$10 \times \theta + 50 \tag{11.10}$$

を求めると便利である.

表 11.1 の「指導性・リーダーシップ」の高さを測定する 6 つの質問項目に, たとえば (「はい」「いいえ」「はい」「いいえ」「いいえ」「いいえ」) と回答すると

$$\boldsymbol{u} = (2, 1, 2, 1, 1, 1) \tag{11.11}$$

である. この被験者の尺度値 θ と偏差値の事後分布の要約統計量を表 11.2 に示す. θ は $-0.981(0.503)[-2.038, -0.056]$ であり, 偏差値は $40.185(5.026)[29.624, 49.435]$ である. リーダーシップが低い被験者であることは分かるが, 確信区間が相当に広い. 2 値データの尺度としては項目数が少ないためである.

表 11.2   尺度値 θ と偏差値の事後分布の要約統計量

	EAP	post.sd	0.025	MED	0.975
θ	-0.981	0.503	-2.038	-0.963	-0.056
偏差値	40.185	5.026	29.624	40.372	49.435

11.2   3値項目の段階反応モデル

　項目に対する反応は「正答・誤答」「はい・いいえ」等, 2値ばかりとは限らない. 性格検査の場合には「はい」「どちらともいえない」「いいえ」という反応が求められることもある. 学力テストの項目の場合は, 途中点があって, 3段階の点数が与えられる場合もある. 複数の値が順序関係を示しているデータを, 段階反応データ (graded response data), あるいは順序カテゴリカルデータ (ordered categorical data) という. 単に順序尺度データということもある.

　3値をとりうる項目の反応確率を表現するためには

$$p_{1j}(\theta) = F(a_j(\theta - b_{1j})) \tag{11.12}$$

$$p_{2j}(\theta) = F(a_j(\theta - b_{2j})) \tag{11.13}$$

のように ICC と同様の曲線を 2つ導入し,

$$f(u = 1|\theta) = 1 - p_{1j}(\theta) \tag{11.14}$$

$$f(u = 2|\theta) = p_{1j}(\theta) - p_{2j}(\theta) \tag{11.15}$$

$$f(u = 3|\theta) = p_{2j}(\theta) \tag{11.16}$$

と表現する. この式を項目反応カテゴリ特性曲線 (item response category characteristic curve, IRCCC) と呼ぶ. IRCCC は, 段階反応モデルにおける項目 j の ICC の役割を果たす. 両者の関係を図 11.4 に示す. 2本の曲線が (11.12) 式と (11.13) 式であり, 3本の両矢印の長さが, $\theta = 0.0$ における IRCCC の値である.

11.2.1   社会的外向性テスト

　表 11.3 は, 「社会的外向性」の高さを測定する 10 の質問項目の内容と項目母数である. 各質問には「当てはまらない」「どちらともいえない」「当てはまる」で回答する.

　社会的外向性テストの項目を使って, IRCCC の具体的な形状と, 項目母数との関係を目視で確認してみよう. まず図 11.5 左図は, 「1. 話し好きである」の

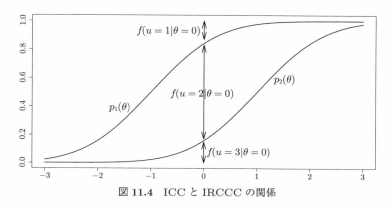

図 11.4　ICC と IRCCC の関係

表 11.3　社会的外向性尺度の項目 (3 値)

項目内容	識別力 a_j	困難度 b_{1j}	困難度 b_{2j}
1. 話し好きである	1.241	−1.283	0.086
2. 人と広く付き合うほうだ	1.096	−1.060	0.199
3. 無口である (逆転項目)	0.856	−1.333	−0.021
4. 自分はわりと人気者だ	0.735	−0.974	1.989
5. 生き生きしていると人に言われる	0.761	−0.395	1.379
6. 陽気である	1.331	−1.388	0.146
7. 初対面の人には自分のほうから話しかける	0.710	−1.015	0.768
8. よく人から相談をもちかけられる	0.528	−1.291	1.221
9. 話題には事欠かないほうだ	0.883	−0.585	1.180
10. 誰とでも気さくに話せる	1.461	−0.979	0.306

IRCCC である．社会的外向性が高くなるに従って「当てはまらない」と回答する確率は下がり，「どちらともいえない」と回答する確率が上がる．さらに社会的外向性が高くなると「どちらともいえない」と回答する確率は下がり，「当てはまる」と回答する確率が上がる様子が示されている．これは 3 値のどの項目にも共通した性質である．

次に図 11.5 左図と右図を比較する．左図は全体的に曲線が左に寄っており，右図は全体的に曲線が右に寄っていることが観察される．これは「1. 話し好きである」のほうが「5. 生き生きしていると人に言われる」よりも肯定的に回答しやすいという性質を示している．この場合は，項目 1 より項目 5 のほうが平均的な困難度が高いという．

図 11.6 の左図と右図は識別力の違いが表れた項目の対比を示している．左図は

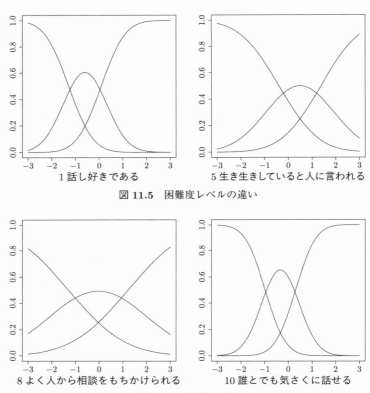

図 **11.5**　困難度レベルの違い

図 **11.6**　識別力の違い

識別力が低い IRCCC の例であり，右図は識別力が高い IRCCC の例である．識別力の高い「10. 誰とでも気さくに話せる」という質問には，ある尺度値を境に「当てはまらない」「どちらともいえない」「当てはまる」という反応は比較的明確に分かれる．識別力の低い「8. よく人から相談をもちかけられる」という質問には，どの尺度値でも「当てはまらない」「どちらともいえない」「当てはまる」という反応が比較的混在する．

　図 11.7 の左図と右図は困難度の差の違いが表れた項目の対比を示している．左図は困難度の差が小さい IRCCC の例であり，右図は困難度の差が大きい IRCCC の例である．困難度の差が小さい「3. 無口である (逆転項目)」は「どちらともいえない」という回答が少なく，「当てはまらない」「当てはまる」に回答が分離する傾向がある．困難度の差が大きい「4. 自分はわりと人気者だ 」は「どちらと

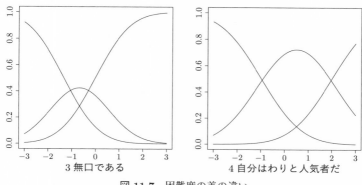

図 **11.7**　困難度の差の違い

表 **11.4**　尺度値 θ と偏差値の事後分布の要約統計量

	EAP	post.sd	0.025	MED	0.975
θ	0.581	0.381	-0.160	0.577	1.338
偏差値	55.806	3.814	48.398	55.767	63.380

もいえない」という回答が大きい傾向が生じる.

　表 11.3 の「社会的外向性」の高さを測定する 10 の質問項目に, たとえば (「当てはまる」「当てはまる」「どちらともいえない (逆転項目)」「当てはまらない」「当てはまらない」「当てはまる」「当てはまる」「当てはまらない」「当てはまる」「当てはまる」) と回答したとすると

$$\boldsymbol{u} = (3, 3, 2, 1, 1, 3, 3, 1, 3, 3) \tag{11.17}$$

である. この被験者の尺度値 θ と偏差値の事後分布の要約統計量を表 11.4 に示す.

　θ は $0.581(0.381)[-0.160, 1.338]$ であり, 偏差値は $55.806(3.814)[48.398, 63.380]$ である. 確信区間がリーダーシップの場合よりも狭まっている. これは反応カテゴリが 3 値になって, 情報が増えたことと, 項目数が多くなったためである.

11.2.2　3 値項目の学力テストへの適用

　項目反応理論は性格検査や学力検査にも利用できる. 前節で学習した 2 値項目のモデルは「はい」を「正答」, 「いいえ」を「誤答」と考えれば, 両者の関係は明快である. 3 値項目の段階反応モデルは次のような学力試験の問題に利用される.

サイコロの面積に関する問題：1 辺が 3 cm の立方体のサイコロがある．
　(1) 1 つの面の面積は何 cm^2 か．　　　　　　正解 (9 cm^2)
　(2) このサイコロの表面積は何 cm^2 か．　　　　正解 (54 cm^2)

(1) と (2) に正答した場合には $u = 3$，(1) だけに正答した場合には $u = 2$，両方とも誤答の場合には $u = 1$ とコード化する．(2) に正答するためには (1) に関する知識は必須であるから，(2) だけに正答することはない (もしあったら，まぐれと考えて $u = 1$ とコード化するなど)．(1) に対する正誤は，θ を所与としても (2) の反応とは独立でなく，局所独立の仮定が成り立たないので，項目反応理論では (1) と (2) を別々の 2 値の項目として扱うことはできない．

11.3　5 値項目の段階反応モデル

項目に対する反応は 3 値以上の場合もある．たとえば作文の採点を 5 段階で評定したり，性格検査の質問に「当てはまらない」「やや当てはまらない」「どちらともいえない」「やや当てはまる」「当てはまる」と回答する場合などである．

11.3.1　5 値項目の IRCCC

5 値をとりうる項目の反応確率を表現するためには

$$p_{1j}(\theta) = F(a_j(\theta - b_{1j})) \tag{11.18}$$

$$p_{2j}(\theta) = F(a_j(\theta - b_{2j})) \tag{11.19}$$

$$p_{3j}(\theta) = F(a_j(\theta - b_{3j})) \tag{11.20}$$

$$p_{4j}(\theta) = F(a_j(\theta - b_{4j})) \tag{11.21}$$

のように ICC を 4 つ利用し，

$$f(u = 1|\theta) = 1 - p_{1j}(\theta) \tag{11.22}$$

$$f(u = 2|\theta) = p_{1j}(\theta) - p_{2j}(\theta) \tag{11.23}$$

$$f(u = 3|\theta) = p_{2j}(\theta) - p_{3j}(\theta) \tag{11.24}$$

$$f(u = 4|\theta) = p_{3j}(\theta) - p_{4j}(\theta) \tag{11.25}$$

$$f(u = 5|\theta) = p_{4j}(\theta) \tag{11.26}$$

と表現する．一般的に $K(1, \cdots, k, \cdots, K)$ 値をとりうる項目の反応確率を表現するためには

$$p_{0j}(\theta) = 1, \quad \cdots,$$
$$p_{kj}(\theta) = F(a_j(\theta - b_{kj})), \quad \cdots,$$
$$p_{Kj}(\theta) = 0$$

として

$$f(u = k|\theta) = p_{k-1j}(\theta) - p_{kj}(\theta), \quad k = 1, \cdots, K \qquad (11.27)$$

と表現する．

11.3.2　共感性テスト

表 11.5 は「共感性」の高さを測定する 6 つの質問項目の内容と項目母数である．共感性テストの項目の IRCCC の具体的な形状を図 11.8 に示す．各グラフには 5 本の曲線が描かれており，左から順番に「当てはまらない」「やや当てはまらない」「どちらともいえない」「やや当てはまる」「当てはまる」と回答する確率である．

たとえば「涙もろく，もらい泣きをするほうである」は全体的に左に寄っており，「当てはまらない」と答える回答者が少なく，「当てはまる」と回答しやすい．また 3 番目の曲線の高さが低く「どちらともいえない」と答える回答者は少ない．「人の話をじっくり聞くことが得意である」は識別力が高く，各曲線がはっきりと分離している．逆に「悲しんでいる相手の話を聞くと，同様の悲しさを感じてしまう」は識別力が低く，各曲線の裾野が広い．

表 11.5 の「共感性」の高さを測定する 6 個の質問項目に，たとえば (「やや当てはまらない」「どちらともいえない」「どちらともいえない」「やや当てはまらない」「当てはまる」「やや当てはまる」) と回答したとすると

表 11.5　共感性尺度の項目 (5 値)

項目内容	a_j	b_{1j}	b_{2j}	b_{3j}	b_{4j}
1. 人の話をじっくり聞くことが得意である	1.974	−2.164	−0.499	0.149	1.426
2. 人から悩みを相談されることが多い	1.665	−2.452	−0.517	0.598	2.265
3. 涙もろく，もらい泣きをするほうである	1.407	−2.434	−0.968	−0.345	0.945
4. 他人の立場に立って共感することができる	1.543	−2.043	−0.402	0.634	2.103
5. 悲しんでいる相手の話を聞くと，同様の悲しさを感じてしまう	1.008	−4.150	−1.679	−0.348	1.863
6. 仲間の関心事には積極的に興味を示す	1.770	−2.208	−0.727	0.278	1.644

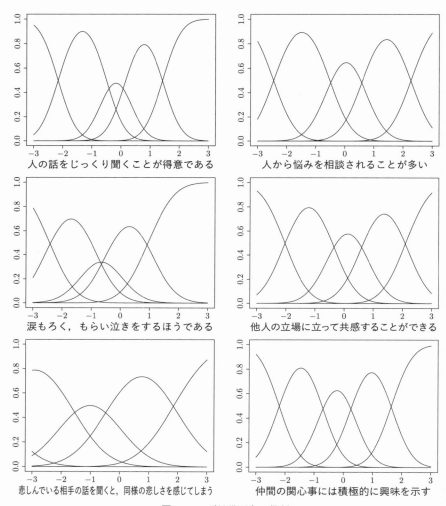

図 **11.8**　項目識別力の役割

$$u = (2, 3, 3, 2, 5, 4) \tag{11.28}$$

である．この被験者の尺度値 θ と偏差値の事後分布の要約統計量を表 11.6 に示す．θ は $-0.138(0.277)[-0.683, 0.400]$ であり，偏差値は $48.624(2.770)[43.168, 53.997]$ である．

表 11.6 尺度値 θ と偏差値の事後分布の要約統計量

	EAP	post.sd	0.025	MED	0.975
θ	-0.138	0.277	-0.683	-0.137	0.400
偏差値	48.624	2.770	43.168	48.628	53.997

11.4 2値項目の3母数項目特性曲線

以下のような学力テストを受験した被験者が，多肢選択形式の項目に関して正答をまったく思いつかなかったとする．回答しなければ確実に「誤答」になる．このとき被験者の典型的な行動は，でたらめに1つ選ぶことである．尺度値の低い被験者ほど難しい多肢選択形式の項目には当て推量で回答する．

> **多肢選択問題**：米国の首都は次のうちどれか．
>
> (a) ニューヨーク   (b) ワシントン D.C.   (c) サンフランシスコ   (d) 東京
>
> 正解 (b) ワシントン D.C.

この状況を取り扱うのが3母数ロジスティックモデル (three parameter logistic model) である．正規累積モデルとロジスティックモデルの ICC は，それぞれ

$$p_j(\theta) = c_j + (1 - c_j) \times \text{s\_normal\_cdf}(a_j(\theta - b_j)) \tag{11.29}$$

$$p_j(\theta) = c_j + (1 - c_j) \times \text{logistic}(1.7a_j(\theta - b_j)) \tag{11.30}$$

である．3母数モデルでは，識別力 a_j・困難度 b_j・**下方漸近線** c_j の3つの要素で ICC の形が決まる．下方漸近線は**疑似偶然水準** (pseudo–chance level) や**当て推量母数** (guessing parameter) あるいは単に**当て推量**と呼ばれる．

当て推量母数は，実力ではまったく正答できない被験者が偶然に正答してしまう確率を表現しているから，多肢選択項目では選択肢数の逆数がその目安の1つとなる．5肢選択項目なら 0.2 が，4肢選択項目なら 0.25 が，3肢選択項目なら 1/3 が，2肢選択項目なら 0.5 が，およその目安である．図 11.9 には $a_j = 1.0$, $b_j = 0.0$, $c_j = 0.2, 0.25, 0.33, 0.5$ を用いて4本の ICC を描いた．それぞれ5肢，4肢，3肢，2肢選択のときの目安の当て推量による ICC である．

ただし当て推量母数の真値は必ずしも目安には一致しない．一見して誤答であることが明らかな選択肢を有する項目の当て推量母数は，肢が「迷わし」として機能していないのだから，目安よりも高くなる．先の例では θ が低くても「東京

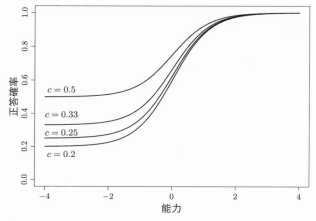

図 **11.9**　3 母数モデルの ICC

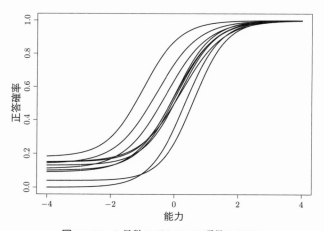

図 **11.10**　3 母数モデルの 10 項目の ICC

は正解でない」ことが明らかなら実質的に選択肢は 3 つとなる．逆に実力のない
被験者だからこそ，正解よりも正解らしく思えてしまう誤答選択肢もあるかもし
れない．先の例では「ニューヨーク」がそれに相当し，チャンスレベルより多く
選択されるかもしれない．この場合，当て推量母数は目安より低くなる．

　3 母数モデルによって記述された学力試験の 10 項目の ICC を図 11.10 に示し
た．この試験をある被験者が受験したところ (誤，誤，誤，誤，正，誤，正，正，
誤，正) という結果であった．(11.5) 式から (11.9) 式に従って θ と偏差値の事後

表 11.7 　3 母数モデルによる尺度値 θ と偏差値の事後分布の要約

	EAP	post.sd	0.025	MED	0.975
θ	−0.325	0.340	−1.058	−0.297	0.254
偏差値	46.748	3.396	39.419	47.030	52.541

分布を求め，その要約を表 11.7 に示した．偏差値は 46.7(3.4)[39.4, 52.5] であっ
た．10 項目程度では明確な学力は示せていない．

11.5 　確 認 問 題

以下の説明に相当する用語を答えなさい．
1) 全員が同じ問題を受験するのではなく，受験者ごとに最適な問題を瞬時に選び，
個々人のレベルにあった問題を出題するテスト．
2) 測定目的となる 1 次元の潜在特性を表現する母数．
3) 項目の性質を決める母数を，まとめた名称．
4) θ の関数で項目に対する反応確率を表現する曲線．
5) 項目の難しさ (あるいは「はい」の言いにくさ) を決める母数．
6) ICC が急激に立ち上がる項目と緩慢に立ち上がる項目の相違を表現する母数．
7) θ が所与であるときに，項目間の反応が独立であること．
8) 複数の値が順序関係を示しているデータ．
9) 項目反応カテゴリ特性曲線の英語の略号．
10) 実力ではまったく正答できない被験者が偶然に正答してしまう確率を表現した母数．

11.6 　実 習 課 題

まず，以下の 3 つの尺度に回答しなさい．次に，あなた自身の尺度値を推定し，
出力例の表に従って，θ と偏差値の事後分布の要約統計量を報告しなさい．そし
て，それぞれの尺度に関して，自分の偏差値の phc($c <$ 偏差値) の曲線とテーブ
ルを示しなさい．
1) 表 11.1 の指導性・リーダーシップ尺度の項目 (2 値)．出力例，表 11.2.
2) 表 11.3 の社会的外向性尺度の項目 (3 値)．出力例，表 11.4.
3) 表 11.5 の共感性尺度の項目 (5 値)．出力例，表 11.6.

12 予測変数を直交化した重回帰分析

■ ■ ■

第3章では偏回帰係数の解釈の困難性について学習した．重回帰分析における最も多い誤用は，基準変数に対する予測変数の影響力の程度の指標として，標準偏回帰係数の大きさを単純に解釈してしまうことである．予測変数が2つまでのケースでは，すべてのパタンを予習できるので解釈が可能になる．それに対して予測変数が3つ以上になると，標準偏回帰係数を解釈することは難しくなる．

しかし現実の研究場面では，実質科学的要請から，予測変数の数を減らせない場面も少なくない．本章では予測変数を直交化した重回帰分析を学習する．この方法は重回帰分析の応用のすべてにとって代わることはできないが，相当に広範囲の適用場面で利用することが可能である．直交化すれば予測変数の数が増えても標準偏回帰係数の解釈は容易である．基準変数に対する，それぞれの予測変数の影響力を個別に評価することが可能になる．

12.1 基準変数の分散の分解

本節では基準変数の分散を分解する．基準変数に対する各予測変数の影響力を，個別に評価することが，いかに難しい課題であるかを，その分解が示してくれるからである．重回帰モデルの一般式は，(2.1) 式で示されたように，

$$y = a + b_1 x_1 + \cdots + b_j x_j + \cdots + b_p x_p + e = \hat{y} + e \tag{12.1}$$

であった．基準変数 y は，予測値 $\hat{y}$ と誤差変数 e の和であった．ただしここでは観測対象を表す添え字 i は省略している．

誤差変数は他の変数と無相関であるという仮定がモデルにあったので，基準変数の分散は，(1.14) 式で示されたように，

$$\sigma_y^2 = \sigma_{\hat{y}}^2 + \sigma_e^2 \tag{12.2}$$

である．基準変数の分散は，予測値の分散と誤差変数の分散の単純な和に分解され

た．右辺の2つの項と左辺が正の値であることから，(1.15) 式において決定係数

$$\eta^2 = \frac{\sigma_{\hat{y}}^2}{\sigma_y^2} = \frac{\sigma_{\hat{y}}^2}{\sigma_{\hat{y}}^2 + \sigma_e^2} \tag{12.3}$$

を定義した．決定係数を参照すれば，予測変数全体としての基準変数に対する影響力を評価することが可能になる．しかし決定係数を用いただけでは，基準変数に対する予測変数の個別の影響力は評価できない．具体例を見てみよう．

予測変数が2つの場合の重回帰式は

$$\hat{y} = a + b_1 x_1 + b_2 x_2 \tag{12.4}$$

である．予測値 $\hat{y}$ の分散を分解する [*1)] と

$$\sigma_{\hat{y}}^2 = b_1^2 \sigma_1^2 + b_2^2 \sigma_2^2 + 2 b_1 b_2 \sigma_1 \sigma_2 \rho_{12} \tag{12.5}$$

となる．右辺の添え字は，予測変数の番号であり，ρ_{12} は予測変数間の相関係数である．右辺第3項があるために，予測値に対する予測変数の個別の影響力は簡単には評価できない．

ただし第3章の分類⑨で学習したように，仮に予測変数間の相関が0であるならば，$\rho_{12} = 0$ を代入し，右辺第3項は消え，

$$\sigma_{\hat{y}}^2 = b_1^2 \sigma_1^2 + b_2^2 \sigma_2^2 \tag{12.6}$$

となる．左辺と右辺の項がすべて正の値であることから，予測値に対する予測変数の個別の影響力は，比例配分して評価できる．予測値に占める予測変数の分散が大きいということは，当該予測変数の変化が予測値に与える影響が大きいということを意味する．

標準偏回帰係数 b_j^* は，基準変数と予測変数の分散を1に基準化した際の偏回帰係数 ((2.7) 式参照) だった．$\sigma_y^2 = 1$ のとき (12.3) 式中辺に着目すると，$\eta^2 = \sigma_{\hat{y}}^2$ となるから，(12.6) 式は

$$\eta^2 = b_1^{*2} + b_2^{*2} \tag{12.7}$$

と変形される．標準偏回帰係数の2乗は，決定係数中に占める割合に比例し，基準変数に対する当該予測変数の寄与もしくは説明率と呼ぶことが可能である．た

[*1)] $(A + B)^2 = A^2 + B^2 + 2AB$ という一般的な公式と，共分散 σ_{12} は $\sigma_1 \sigma_2 \rho_{12}$ であることを利用する．読者自身で導いてほしい．

だし「予測変数間の相関が 0 である」という仮定は，実践的研究場面では特殊であり，観察事態で一般的に成立することは，ほぼ期待できない．

予測変数が 3 つの重回帰式は

$$\hat{y} = a + b_1 x_1 + b_2 x_2 + b_3 x_3 \tag{12.8}$$

であり，予測値 $\hat{y}$ の分散を分解する [*2)] と

$$\sigma_{\hat{y}}^2 = b_1^2 \sigma_1^2 + b_2^2 \sigma_2^2 + b_3^2 \sigma_3^2 \\ + 2b_1 b_2 \sigma_1 \sigma_2 \rho_{12} + 2b_1 b_3 \sigma_1 \sigma_3 \rho_{13} + 2b_2 b_3 \sigma_2 \sigma_3 \rho_{23} \tag{12.9}$$

となる．

一般化して，予測変数が p 個ある場合の予測値 $\hat{y}$ の分散は

$$\sigma_{\hat{y}}^2 = \sum_{j=1}^{p} b_j^2 \sigma_j^2 + \sum_{j \neq}^{p} \sum_{j'}^{p} b_j b_{j'} \sigma_j \sigma_{j'} \rho_{jj'} \tag{12.10}$$

と分解される．ただし $j \neq j'$ は，j と j' が一致しないケースだけ足し上げることを示している．標準偏回帰係数では，(12.7) 式と同様の理由から

$$\eta^2 = \sum_{j=1}^{p} b_j^{*2} + \sum_{j \neq}^{p} \sum_{j'}^{p} b_j^* b_{j'}^* \rho_{jj'} \tag{12.11}$$

と分解される．右辺第 3 項には $2(p-1)$ 個もの要素があり，正負が混在しうる．このため予測変数 x_j の決定係数に対する寄与は複雑である．標準偏回帰係数は，大きさの影響はもちろんのこと，基準変数に対する当該予測変数の正負の影響すら示していない．

「b_j^{*2} は，基準変数 y に対する予測変数 x_j の影響力の指標である」という単純な解釈が，いかに誤っているかを，この式は如実に示している．しかし，もしすべての予測変数の間に相関がなく，$\rho_{jj'} = 0$ であるなら，上式は

$$\eta^2 = \sum_{j=1}^{p} b_j^{*2} \tag{12.12}$$

と簡略化される．標準偏回帰係数の 2 乗 b_j^{*2} は，基準変数に占める当該予測変数の説明割合として解釈できる．標準偏回帰係数 b_j^* は影響力の指標として単純に利用できる．

[*2)]　$(A + B + C)^2 = A^2 + B^2 + C^2 + 2AB + 2AC + 2BC$ という公式を利用する．

たとえば $p = 4$ のときに,標準偏回帰係数が

$$b_1^* = 0.3, \quad b_2^* = 0.4, \quad b_3^* = -0.5, \quad b_4^* = 0.6 \tag{12.13}$$

であったとする.無相関 $\rho_{jj'} = 0$ であるならば,予測変数 x_4, x_3, x_2, x_1 はその順番に基準変数に対して影響力がある.x_4, x_2, x_1 は正の影響を与え,x_3 は負の影響を与えていると単純に解釈してよい.(12.13) 式の 2 乗は

$$b_1^{*2} = 0.09, \quad b_2^{*2} = 0.16, \quad b_3^{*2} = 0.25, \quad b_4^{*2} = 0.36 \tag{12.14}$$

である.無相関 $\rho_{jj'} = 0$ であるならば,単純に 2 乗の和が決定係数 $\eta^2 = 0.86$ となる.予測変数 x_1 は基準変数に正の影響を与えて基準変数の分散を 9%説明し,$\cdots$,予測変数 x_3 は基準変数に負の影響を与えて基準変数の分散を 25%説明し,$\cdots$,4 つの予測変数全体で基準変数の分散を 86%を説明している,と非常に単純に解釈できる.用意した 4 つの予測変数で説明できない基準変数の分散は 14%である.ただし $2(p-1)$ 個もの相関係数に対して,実践的研究場面で $\rho_{jj'} = 0$ を仮定することは現実的でない.

次節以降では,標準偏回帰係数の解釈を容易にするために,予測変数間の無相関化を行う.相関係数を無相関にすることを直交化 (orthogonalization) という.複数の予測変数を直交化するためには,ダミー変数の利用,直交表の利用という 2 つの過程を経る必要があり,それぞれ 12.2 節と 12.3 節において解説する.

12.2　ダミー変数による重回帰モデル

男女の出会いのきっかけとしてのお見合いパーティを企画することを想定する.基準変数 y は,お見合いパーティの「魅力度」である.

お見合いを構成する特徴としては,たとえば以下が考えられる.

1) 喫煙:参加者が喫煙しない '禁喫煙' か '喫煙有' (2 水準).
2) 年齢:女性の参加者の年齢が '29 歳迄' か '制限無' (2 水準).
　　　　(制限があるほうが条件のよい男性が来るかもしれないという理由)
3) 職業:男性参加者の職業が '公務員' か '限定無' (2 水準).
4) 年収:男性の参加条件が年収 '500 万円' 以上か '限定無' (2 水準).
5) 学歴:男性の参加条件が '大学卒' 以上か '高校卒' 以上 (2 水準).
6) 結婚:男女の参加者の条件が '初婚' か '限定無' (2 水準).

　7）お酒：パーティ会場が 'お酒無' か 'お酒有' (2 水準).

　8）場所：パーティ会場の場所. '公民館' か 'ホテル' か '客船上' (3 水準).

これらは実験計画における要因と水準であり，要因数は 8 である.

12.2.1　ダミー変数

要因と水準を重回帰式で扱うために

$$x_{jk} = \begin{cases} 1 & j \text{ 番目の要因の } k \text{ 番目の水準に該当している場合} \\ 0 & \text{該当しない場合} \end{cases} \tag{12.15}$$

という予測変数の表記を導入する. 離散的な予測変数を回帰式等の統計モデルに組み込むために用いられる 0 と 1 しか値をとらない変数を，ダミー変数 (dummy variable) という.

　ダミー変数を用いると重回帰式を

$$\begin{aligned}
\hat{y} = a &+ b_{11} \times x_{11} + b_{12} \times x_{12} + b_{21} \times x_{21} + b_{22} \times x_{22} \\
&+ b_{31} \times x_{31} + b_{32} \times x_{32} + b_{41} \times x_{41} + b_{42} \times x_{42} \\
&+ b_{51} \times x_{51} + b_{52} \times x_{52} + b_{61} \times x_{61} + b_{62} \times x_{62} \\
&+ b_{71} \times x_{71} + b_{72} \times x_{72} + b_{81} \times x_{81} + b_{82} \times x_{82} + b_{83} \times x_{83}
\end{aligned} \tag{12.16}$$

のように構成できる. ここで b_{jk} は，予測変数 x_{jk} の偏回帰係数である.

　添え字が複雑で多少分かりにくい. そこで変数の内容を添え字にして再表現すると以下となる.

$$\begin{aligned}
\hat{y} = a &+ b_{11} \times x_{禁煙} + b_{12} \times x_{喫煙有} + b_{21} \times x_{29歳迄} + b_{22} \times x_{制限無} \\
&+ b_{31} \times x_{公務員} + b_{32} \times x_{限定無} + b_{41} \times x_{500万以上} + b_{42} \times x_{限定無} \\
&+ b_{51} \times x_{大学卒} + b_{52} \times x_{高校卒} + b_{61} \times x_{初婚} + b_{62} \times x_{限定無} \\
&+ b_{71} \times x_{お酒無} + b_{72} \times x_{お酒有} \\
&+ b_{81} \times x_{公民館} + b_{82} \times x_{ホテル} + b_{83} \times x_{客船上}
\end{aligned} \tag{12.17}$$

12.2.2　部分効用値

　各要因内で 1 が使用されるのは 1 回のみであり，他の水準には 0 が入るので，その項はなくなる. したがって，1 つのお見合いパーティの「魅力度」を表現する予測式は，切片を含めて 9 つの項のみで構成される. たとえば 「喫煙 '喫煙有'」

「年齢 '制限無'」「職業 '公務員'」「年収 '500 万以上'」「学歴 '大学卒'」「結婚 '初婚'」「お酒 'お酒無'」「場所 'ホテル'」のお見合いパーティにおける「魅力度」の予測式は

$$\hat{y} = a + b_{11} \times 0 + b_{12} \times 1 + b_{21} \times 0 + b_{22} \times 1$$
$$+ b_{31} \times 1 + b_{32} \times 0 + b_{41} \times 1 + b_{42} \times 0$$
$$+ b_{51} \times 1 + b_{52} \times 0 + b_{61} \times 1 + b_{62} \times 0$$
$$+ b_{71} \times 1 + b_{72} \times 0 + b_{81} \times 0 + b_{82} \times 1 + b_{83} \times 0$$
$$= a + b_{12} + b_{22} + b_{31} + b_{41} + b_{51} + b_{61} + b_{71} + b_{82} \tag{12.18}$$

で表現される. このように, 各水準に対応する偏回帰係数を利用し, それらの値の単純な和によって予測値を表現する. 要因・水準に対応する偏回帰係数は, 実験計画における水準の効果でもあり, 特に本方法の文脈では部分効用値 (partial utility value)(あるいは水準スコア (level score), カテゴリスコア (category score) 等) と呼ばれることが多い.

12.2.3 係数の制約

偏回帰係数の推定方法は第 2 章で学習したとおりであるが, 水準の効果でもあるために, 第 8 章や第 I 巻 11 章で学習したように,

$$0 = \sum_{k=1}^{\text{因子 } j \text{ の水準数}} b_{jk} \tag{12.19}$$

という制約を入れてモデルを識別する. ここでは具体的に

$$b_{11} = -b_{12}, \quad b_{21} = -b_{22}, \quad b_{31} = -b_{32}, \quad b_{41} = -b_{42},$$
$$b_{51} = -b_{52}, \quad b_{61} = -b_{62}, \quad b_{71} = -b_{72}, \quad 0 = b_{81} + b_{82} + b_{83}$$

という制約を入れる.

12.2.4 離散的な変数とモデルの仮定

第 4 章には, たとえば (4.1) 式で

$$u = \begin{cases} 1 & \text{昇進した場合} \\ 0 & \text{それ以外の場合} \end{cases} \tag{12.20}$$

という離散的な基準変数が登場した. 2 つの値しかとらない基準変数を, 正規分

布に基づいた重回帰分析で扱うことは，明らかにモデルの仮定を逸脱している．
そこで (4.8) 式にて，

$$f(u|\boldsymbol{\theta}) = \mathrm{Bernoulli}(u|\mathrm{logistic}(a + bx)) \tag{12.21}$$

というベルヌイ分布に基づくデータ生成過程を想定した．これがロジスティック
回帰分析を導入した動機であった．

　対して本章には，(12.15) 式のように，ダミー変数の予測変数が多数登場する．
しかし基準変数の場合とは異なり，モデルの変更をする必要はない．第3章で導
入した重回帰分析のデータの生成過程は (2.3) 式で示されたように

$$f(y|\boldsymbol{\theta}) = \mathrm{normal}(y|\hat{y}, \sigma_e) \tag{12.22}$$

である．予測変数にはいかなる分布の仮定も入っていない．したがってダミー変
数の予測変数も，第2章で学習した重回帰分析法で，そのまま分析できる．

　ちなみに基準変数 y 自体の分布も正規分布である必要はない．あくまでも $\hat{y}$ に
条件付けられた (誤差の) 分布に正規分布が仮定されているに過ぎない．

12.3　直　　交　　表

　たとえば高年収者が対象のパーティは客船上で開催され，年収に制限のないパー
ティは公民館で開催される傾向があるなど，巷で実施されているお見合いには，
特徴間に相関がある．このため参加経験者にアンケート調査を行い，先の8つの
要因に従った特徴と，その魅力を評定してもらうのでは，決して $\rho_{jj'} = 0$ にはな
らない．

　そこで特徴間の相関を直交化するために，1人の回答者に表 12.1 に登場するお
見合いパーティすべての魅力度を評定してもらう．表 12.1 は1つの行が1つのお
見合いパーティのプロファイルを表現している．列には8つの要因が割り付けら
れている．行は V1〜V24 まであるから，24種類のお見合いパーティのプロファ
イルが示されている．

　表 12.1 のプロファイルは，表 12.2 に基づいて作成されている．たとえば表 12.2
の1行目は，$x_{11} = 1, x_{12} = 0,\ x_{21} = 1, x_{22} = 0,\ x_{31} = 1, x_{32} = 0,\ \cdots$ であ
り，それぞれ要因の水準が何であるかを示している．それを受けて表 12.1 の1行
目のプロファイル V1 は，「禁煙」「29歳迄」「公務員」$\cdots$ と設定されている．

表 **12.1**　「直交お見合いデータ」に使用する直交表 (水準)

	喫煙	年齢	職業	年収	学歴	結婚	お酒	場所
V1	禁煙	29 歳迄	公務員	限定無	高校卒	限定無	お酒無	客船上
V2	喫煙有	29 歳迄	公務員	限定無	大学卒	限定無	お酒有	ホテル
V3	喫煙有	29 歳迄	公務員	500 万以上	高校卒	限定無	お酒有	客船上
V4	喫煙有	制限無	限定無	500 万以上	大学卒	初婚	お酒有	客船上
V5	喫煙有	29 歳迄	限定無	限定無	高校卒	初婚	お酒無	公民館
V6	喫煙有	29 歳迄	公務員	500 万以上	高校卒	初婚	お酒無	ホテル
V7	禁煙	29 歳迄	公務員	500 万以上	大学卒	初婚	お酒無	公民館
V8	禁煙	29 歳迄	限定無	500 万以上	大学卒	限定無	お酒無	ホテル
V9	禁煙	制限無	限定無	限定無	大学卒	初婚	お酒無	客船上
V10	禁煙	制限無	公務員	500 万以上	高校卒	初婚	お酒有	客船上
V11	禁煙	制限無	限定無	500 万以上	高校卒	初婚	お酒無	ホテル
V12	喫煙有	制限無	限定無	500 万以上	高校卒	限定無	お酒無	客船上
V13	喫煙有	29 歳迄	限定無	限定無	大学卒	限定無	お酒無	客船上
V14	喫煙有	29 歳迄	限定無	500 万以上	大学卒	初婚	お酒有	公民館
V15	喫煙有	制限無	限定無	限定無	高校卒	限定無	お酒有	公民館
V16	喫煙有	制限無	公務員	500 万以上	大学卒	限定無	お酒無	公民館
V17	喫煙有	制限無	公務員	限定無	高校卒	初婚	お酒有	ホテル
V18	禁煙	29 歳迄	公務員	限定無	大学卒	初婚	お酒有	客船上
V19	禁煙	制限無	限定無	500 万以上	大学卒	限定無	お酒無	公民館
V20	禁煙	29 歳迄	限定無	限定無	高校卒	初婚	お酒無	公民館
V21	禁煙	29 歳迄	限定無	500 万以上	高校卒	限定無	お酒有	ホテル
V22	喫煙有	制限無	公務員	限定無	大学卒	初婚	お酒無	ホテル
V23	禁煙	制限無	公務員	限定無	高校卒	限定無	お酒無	公民館
V24	禁煙	制限無	限定無	限定無	大学卒	限定無	お酒有	ホテル

　表 12.2 の列は，重回帰モデルの 17 個の予測変数を表現しており，どの組み合わせのダミー変数も互いに無相関になるように設定されている．表 12.2 のように，要因を割り付ける目的で作成し，互いに無相関なダミー変数を列に，プロファイルを行に配した行列を**直交表** (orthogonal table) という．表 12.1 のように，割り付けられた結果の行列を直交表と呼ぶ場合もある．

　収集された評価データを表 12.3 に示す[*3)]．行に回答者，列にプロファイルを配しており，回答者数は 50，プロファイル数は 24 である．

　たとえば第 1 行 1 列は，回答者 1 がプロファイル 1 に対して，7 件法で 4 とい

[*3)]　本データは筆者が収集したデータに手を加えたものである．回答者は 20 代女性．

表 12.2 「直交お見合いデータ」に使用する直交表 (ダミー変数)

	x_{11}	x_{12}	x_{21}	x_{22}	x_{31}	x_{32}	x_{41}	x_{42}	x_{51}	x_{52}	x_{61}	x_{62}	x_{71}	x_{72}	x_{81}	x_{82}	x_{83}
V1	1	0	1	0	1	0	0	1	0	1	0	1	1	0	0	0	1
V2	0	1	1	0	1	0	0	1	1	0	0	1	0	1	0	1	0
V3	0	1	1	0	1	0	1	0	0	1	0	1	0	1	0	0	1
V4	0	1	0	1	0	1	1	0	1	0	1	0	0	1	0	0	1
V5	0	1	1	0	0	1	0	1	0	1	1	0	1	0	1	0	0
V6	0	1	1	0	1	0	1	0	0	1	1	0	1	0	0	1	0
V7	1	0	1	0	1	0	1	0	1	0	1	0	1	0	1	0	0
V8	0	1	1	0	0	1	1	0	1	0	0	1	1	0	0	1	0
V9	0	1	0	1	0	1	0	1	1	0	1	0	1	0	0	0	1
V10	1	0	0	1	1	0	1	0	0	1	1	0	0	1	0	0	1
V11	1	0	0	1	0	1	1	0	0	1	1	0	1	0	0	1	0
V12	0	1	0	1	0	1	1	0	0	1	0	1	1	0	0	0	1
V13	0	1	1	0	0	1	0	1	1	0	0	1	1	0	0	0	1
V14	0	1	1	0	0	1	1	0	0	1	1	0	0	1	1	0	0
V15	0	1	0	1	0	1	0	1	0	1	0	1	0	1	1	0	0
V16	0	1	0	1	1	0	1	0	1	0	0	1	1	0	1	0	0
V17	0	1	0	1	0	1	0	1	0	1	1	0	0	1	0	1	0
V18	1	0	1	0	0	1	0	1	1	0	1	0	0	1	0	0	1
V19	1	0	0	1	1	0	1	0	1	0	0	1	0	1	1	0	0
V20	1	0	1	0	0	1	0	1	0	1	1	0	0	1	1	0	0
V21	1	0	1	0	0	1	1	0	0	1	0	1	0	1	0	1	0
V22	0	1	0	1	1	0	0	1	1	0	1	0	1	0	0	1	0
V23	1	0	0	1	1	0	0	1	0	1	0	1	1	0	1	0	0
V24	1	0	0	1	0	1	0	1	1	0	0	1	0	1	0	1	0

う評価を与えたことを示している. この評価が基準変数 y の値となり, 表 12.2 の
1 行目が予測変数 $x_{11}, \cdots, x_{83}$ になる. そのため回答者 1 のプロファイル 1 に対
する評価 y は

$$4 = a + b_{11} \times x_{11} + b_{12} \times x_{12} + b_{21} \times x_{21} + b_{22} \times x_{22} + b_{31} \times x_{31} + b_{32} \times x_{32}$$
$$+ b_{41} \times x_{41} + b_{42} \times x_{42} + b_{51} \times x_{51} + b_{52} \times x_{52} + b_{61} \times x_{61} + b_{62} \times x_{62}$$
$$+ b_{71} \times x_{71} + b_{72} \times x_{72} + b_{81} \times x_{81} + b_{82} \times x_{82} + b_{83} \times x_{83} + e \quad (12.23)$$

という重回帰モデルで生成されている. ただし予測変数の値は 0 か 1 なので

$$4 = a + b_{11} \times 1 + b_{12} \times 0 + b_{21} \times 1 + b_{22} \times 0 + b_{31} \times 1 + b_{32} \times 0$$
$$+ b_{41} \times 1 + b_{42} \times 0 + b_{51} \times 1 + b_{52} \times 0 + b_{61} \times 1 + b_{62} \times 0$$
$$+ b_{71} \times 1 + b_{72} \times 0 + b_{81} \times 1 + b_{82} \times 0 + b_{83} \times 0 + e$$
$$= a + b_{11} + b_{21} + b_{31} + b_{41} + b_{51} + b_{61} + b_{71} + b_{81} + e \quad (12.24)$$

のように表すことができる. 予測変数はすべて無相関なので, (12.13) 式や (12.14)
式のように, 標準偏回帰係数やその 2 乗を解釈することが可能である.

表 12.3　「直交お見合いデータ」

	V1	V2	V3	V4	V5	V6	V7	V8	V9	V10	V11	V12	V13	V14	V15	V16	V17	V18	V19	V20	V21	V22	V23	V24
1	4	3	5	4	3	6	5	5	4	5	4	3	5	5	2	4	3	6	5	4	5	4	3	4
2	4	4	4	5	4	6	6	5	4	5	4	3	4	3	2	4	4	5	4	4	4	3	3	
3	4	4	4	4	4	6	6	4	4	6	4	4	4	4	3	4	4	4	4	4	4	3	3	
4	4	4	5	5	3	5	6	5	4	5	3	3	3	5	2	5	3	5	4	3	4	4	2	
5	4	4	5	5	4	5	6	4	4	5	4	4	4	2	4	4	5	4	4	3	4	3	2	
6	4	4	5	4	3	4	3	5	4	4	3	4	4	2	4	4	5	4	4	5	2	3		
7	4	5	5	4	3	5	5	4	5	5	4	3	4	4	3	5	5	3	4	4	4	4		
8	4	4	5	4	4	4	5	4	4	5	4	3	6	3	4	4	5	4	3	4	6	3	4	
9	4	4	4	4	4	5	5	4	4	4	6	4	5	3	5	4	4	4	3					
10	4	3	4	5	3	5	6	6	4	5	4	4	5	2	4	3	6	5	4	4	5	4	2	
11	4	4	4	4	5	5	6	5	4	5	5	3	4	4	2	4	4	5	4	3	5	4	3	
12	4	5	4	4	4	5	5	4	4	5	4	4	5	3	5	4	4	3	4	3				
13	4	4	4	5	4	5	6	4	4	5	4	3	4	3	3	5	5	4	4	2	3			
14	5	4	4	5	4	5	5	4	4	4	4	3	5	2	4	4	5	4	3	4	3	3		
15	4	3	5	5	3	6	6	4	4	4	4	2	3	4	2	4	5	5	4	4	3	3		
16	4	4	4	6	3	5	4	4	4	4	4	3	3	4	4	5	4	3	4	4	4			
17	4	4	4	4	3	5	6	6	4	4	4	3	4	2	5	4	4	4	4	4	3			
18	4	4	4	5	4	5	5	4	4	5	4	4	3	5	2	4	5	5	4	3	4	5	3	2
19	5	4	4	4	3	5	6	5	4	4	3	3	4	2	4	4	5	4	4	3	4			
20	4	4	5	4	3	5	5	4	5	4	4	3	5	2	5	3	6	5	4	5	4	4	3	
21	4	4	4	4	3	4	6	5	5	4	4	3	3	4	2	6	4	5	4	4	5	4	3	
22	3	4	4	5	4	5	6	5	5	4	3	3	4	5	2	3	4	6	4	5	5	2	3	
23	4	4	5	5	2	5	6	5	3	5	5	3	4	4	5	5	5	4	4	3				
24	5	5	4	4	3	4	6	4	4	4	3	3	5	2	5	4	6	5	3	5	3	4	3	
25	4	4	5	4	3	5	6	4	4	5	4	4	3	4	3	3	5	4	4	3	3	2		
26	4	4	5	3	4	6	4	4	4	4	4	2	4	4	5	4	4	4	4	3				
27	4	4	4	4	3	4	6	4	5	4	4	3	5	2	4	4	5	6	3	4	5	3	2	
28	4	3	5	5	3	5	5	4	4	4	3	4	2	4	4	5	4	4	5	3	3			
29	4	4	5	4	4	5	5	4	4	4	4	2	5	4	4	4	4	4	3	4				
30	4	3	5	5	5	4	5	4	4	5	4	4	5	2	5	3	4	4	4	5	4	4		
31	4	4	4	4	3	5	5	4	4	4	4	2	4	4	3	4	5	4	4	4	3			
32	5	4	4	5	3	6	6	5	4	5	4	3	5	2	4	4	5	5	4	4	3			
33	6	3	5	4	4	5	6	5	5	3	4	2	5	2	4	3	6	4	4	5	4	3		
34	4	5	5	4	3	6	5	5	4	4	4	3	5	2	4	4	5	4	4	4	3			
35	4	4	4	4	5	6	6	5	5	4	3	4	2	4	3	5	5	4	5	4	3	2		
36	4	4	4	5	6	5	4	5	3	4	5	4	5	4	3	4	3	4						
37	3	4	4	4	5	4	4	4	4	4	5	3	4	4	3									
38	4	4	5	4	3	6	6	4	4	5	5	3	5	4	2	4	6	4	3	4	5	3		
39	4	4	4	5	2	5	4	4	4	4	2	4	5	4	4	4	4	4	4	2				
40	4	4	4	3	3	4	6	4	5	4	4	5	3	5	4	5	3	4	4	3	2			
41	4	4	6	4	3	5	6	4	4	4	5	4	5	3	4	5	3	4	4					
42	4	4	4	5	4	4	6	4	4	5	4	3	4	1	4	3	5	5	3	4	4	2	2	
43	5	4	4	5	4	4	6	4	4	3	4	4	1	5	4	5	4	3	3	3				
44	4	4	4	5	4	5	6	4	4	5	2	5	3	5	4	4	4	3	4	4				
45	5	4	4	5	4	5	6	5	4	5	4	4	3	5	4	4	3	3	4	3				
46	4	5	5	3	3	5	4	4	5	4	4	2	4	4	6	4	4	4	3	2				
47	5	3	5	4	3	5	4	3	4	4	3	4	2	5	4	3	4	3	3	3				
48	4	4	4	4	3	5	6	5	4	4	4	4	1	4	6	5	5	3	4	2	3			
49	4	4	4	3	5	6	5	4	5	4	3	5	2	4	3	6	4	4	4	4	2	3		
50	5	4	4	4	4	4	7	5	4	5	4	4	4	2	5	4	5	4	4	4	3	3	3	

12.3.1　直交表の用意

予測変数を直交化した重回帰分析を実行するためには，表 12.2 のような直交表が不可欠である．しかし表 12.2 に合わせて，7 つの要因とその水準を選んだわけではない．順番が逆である．

研究する興味の対象である基準変数 (この場合お見合いパーティの「魅力度」) がまず先に分析者の目標として存在し，次に基準変数に影響を与えるであろう要因と水準が分析者によって案出される．その後，案出された要因と水準に合わせて直交表 12.2 をオーダーメイドで用意しているのである．直交表の原理・作成方

法に関しては説明を割愛するが，乱数を使って比較的容易に作成できる．

　直交表には「要因が多くなるとプロファイル数が大きくなる」「2 水準の要因だけに限定するとプロファイル数が小さくなる」などの傾向がある．回答者の負担を増やさないために，分析を計画する際には，プロファイル数を大きくし過ぎないように配慮する必要がある．

12.3.2　データの成形

　表 12.3 は，50 人 × 24 のプロファイルの多変量データの形式である．これを「魅力度」という 1 つの基準変数ベクトルに成形する．表 12.2 は，24 のプロファイル × 17 のダミー変数の形式である．これを予測変数として成形し，表 12.3 に対して重回帰分析を実行する．データの成形手順は以下である．

1) 図 12.1 左側のように，表 12.3 の行と列をひっくり返す．このように i 行 j 列の要素を j 行 i 列の位置に移動する操作を行列の**転置** (transpose) という．

2) 転置した表 12.3 を縦にスライスし，さらに縦に 1 列に並べ，図 12.1 中央のように，長さ 1200 (= 50 × 24) の 1 つの縦ベクトルを作る．このように行列からベクトルを作成する操作を**ベクトル化** (vectorization) という．

3) 表 12.2 の予測変数行列を回答者の人数分だけ (ここでは 50 回) コピーし，図 12.1 右側のように，ベクトル化した基準変数の隣に張り付ける．

4) 1 つの基準変数と 17 個の予測変数から構成された $n = 2400$ 行の多変量データに重回帰分析を実行する．

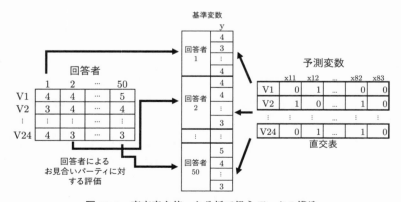

図 **12.1**　直交表を使った分析で扱うデータの構造

12.4 結果と解釈の指標

決定係数は $R^2 = 0.614$ であった．予測変数によって基準変数の散らばりが約 61%説明されていると解釈する．決定係数が高いほど，基準変数の散らばりの多くが予測変数によって説明されていると解釈する．この例は，説明のために特に決定係数の高い分析例を示したが，実際には 0.15 から 0.2 くらいでも，十分に有用な知見が得られることが多い．

12.4.1 部分効用値

表 12.4 の「全体」と書かれた列に，各要因内の水準の，基準変数に対する部分効用値 (偏回帰係数) を示し，図 12.2 左図でそれを可視化した．(12.13) 式では，解釈が容易なのは偏回帰係数ではなく，標準偏回帰係数であると述べた．しかし直交表によって作られる互いに無相関なダミー変数の偏回帰係数は，標準偏回帰係数に近似的に比例しており，解釈が可能であることが知られている．

表 12.4 「直交お見合いデータ」の部分効用値

水準	全体	s1	s2	$\cdots$	s7	s8	$\cdots$
切片	4.072	4.208	4.083	$\cdots$	4.167	4.083	$\cdots$
喫煙 '禁煙'	0.162	0.292	0.167	$\cdots$	0.167	−0.083	$\cdots$
喫煙 '喫煙有'	−0.162	−0.292	−0.167	$\cdots$	−0.167	0.083	$\cdots$
年齢 '29 歳迄'	0.278	0.458	0.333	$\cdots$	0.083	0.167	$\cdots$
年齢 '制限無'	−0.278	−0.458	−0.333	$\cdots$	−0.083	−0.167	$\cdots$
職業 '公務員'	0.333	0.208	0.333	$\cdots$	0.417	0.333	$\cdots$
職業 '限定無'	−0.333	−0.208	−0.333	$\cdots$	−0.417	−0.333	$\cdots$
年収 '500 万以上'	0.388	0.458	0.333	$\cdots$	0.250	0.250	$\cdots$
年収 '限定無'	−0.388	−0.458	−0.333	$\cdots$	−0.250	−0.250	$\cdots$
学歴 '大学卒'	0.237	0.292	0.167	$\cdots$	0.333	0.250	$\cdots$
学歴 '高校卒'	−0.237	−0.292	−0.167	$\cdots$	−0.333	−0.250	$\cdots$
結婚 '初婚'	0.268	0.208	0.417	$\cdots$	0.000	0.417	$\cdots$
結婚 '限定無'	−0.268	−0.208	−0.417	$\cdots$	0.000	−0.417	$\cdots$
お酒 'お酒無'	0.068	−0.042	0.167	$\cdots$	0.000	−0.083	$\cdots$
お酒 'お酒有'	−0.068	0.042	−0.167	$\cdots$	0.000	0.083	$\cdots$
場所 '公民館'	−0.142	−0.333	−0.333	$\cdots$	−0.167	−0.083	$\cdots$
場所 'ホテル'	−0.044	0.042	0.167	$\cdots$	−0.042	0.042	$\cdots$
場所 '客船上'	0.186	0.292	0.167	$\cdots$	0.208	0.042	$\cdots$

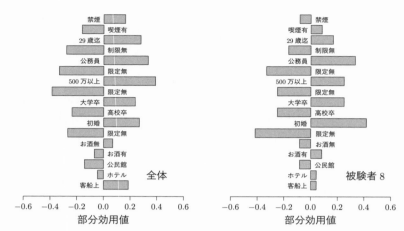

図 **12.2** 部分効用値の図示

　たとえば要因「喫煙」内の水準 '禁煙', '喫煙有' の部分効用値はそれぞれ 0.162, −0.162 である．効用値の正負は基準変数に対する影響の正負と一致しているため，水準 '禁煙' はお見合いパーティの選好において好まれていると単純に解釈できる．3 水準の場合も同様に解釈可能である．要因「場所」内の水準, '公民館', 'ホテル', '客船上' の部分効用値はそれぞれ −0.142, −0.044, 0.186 であるため，お見合いパーティの開催場所は '客船上' が最も好まれ, '公民館' が最も好まれないことが分かる．

　次に部分効用値の絶対値に注目すると，たとえば「喫煙」「お酒」「場所」といったパーティそのものの特徴よりも，「年齢」「職業」「年収」「学歴」「結婚」といったパーティ参加者の特徴が重視されていることが分かる．加えて，パーティ参加者の特徴の中でも「年収」や「職業」といったお金に関わる特徴が重視されていることも分かる．

12.4.2　回答者ごとの部分効用値

「全体」の列に示された部分効用値は，$n = 1200$ (50 人 ×24) の重回帰分析の偏回帰係数であった．同様に回答者ごとのデータによる $n = 24$ の 50 回の重回帰分析の偏回帰係数も解釈可能であり，表 12.4 の「si」の列に i 番目の回答者の部分効用値をいくつか選んで示した．実際には s50 の列まである．ここは個々人の特徴を示している．

　図 12.2 右図に 8 番目の回答者の部分効用値を可視化した．図 12.2 左図と比較

すると，集団内における 8 番目の回答者の特徴を解釈することが可能である．「全体」では‘禁煙’が好まれ‘喫煙有’が避けられているけれども，8 番目の回答者は‘喫煙有’を好み，‘禁煙’を避けている．「全体」では‘お酒無’が好まれ‘お酒有’が避けられているけれども，8 番目の回答者は‘お酒有’を好み，‘お酒無’を避けている．「全体」では「年収」の影響が一番大きかったけれども，8 番目の回答者は‘初婚’であることを一番に重視している．

12.4.3 相対重要度

基準変数に対して，どの要因がどの程度重要視されているかを，水準数の違いによらずに割合で示す指標が**相対重要度** (relative importance) である．

回答者 i の要因 j の相対重要度 I_{ij} は，部分効用値 b_{ij} を用いて

$$I_{ij} = \frac{\text{range}_{ij}}{\text{range}_{i1} + \text{range}_{i2} + \cdots + \text{range}_{i7}} \times 100 \tag{12.25}$$

$$\text{range}_{ij} = b_{ij}\text{の最大値} - b_{ij}\text{の最小値} \tag{12.26}$$

と定義する．

表 12.5 の「全体」の列にはデータ全体での相対重要度を，「si」の列には回答者 i の相対重要度を示す．たとえば被検者 1 の要因「喫煙」の相対重要度 12.9 は

$$I_{1\,喫煙} = \frac{0.292 - (-0.292)}{\{0.292 - (-0.292)\} + \{0.458 - (-0.458)\} + \cdots + \{0.292 - (-0.333)\}}$$

と計算される．表 12.4 の「s1」の列から数値を拾っている．この式の分子は要因「喫煙」の部分効用値の最大値と最小値の差であり，分母は各要因の部分効用値の最大値と最小値の差の総和である．この式は各要因が評価に与える効果の総和に対する，要因「喫煙」の効果の割合を表している．

表 12.5 「直交お見合いデータ」の相対重要度

要因	全体	s1	s2	s3	s4	s5	s6	s7	s8	⋯
喫煙	8.3	12.9	7.7	2.7	3.4	0.0	6.4	11.6	5.0	⋯
年齢	13.7	20.2	15.4	13.1	13.8	12.1	14.9	5.8	10.1	⋯
職業	16.7	9.2	15.4	18.4	20.7	16.1	23.4	29.0	20.2	⋯
年収	19.6	20.2	15.4	23.7	24.1	16.1	6.4	17.4	15.2	⋯
学歴	12.2	12.9	7.7	2.7	13.8	8.1	6.4	23.2	15.2	⋯
結婚	13.3	9.2	19.2	23.7	10.4	24.2	14.9	0.0	25.3	⋯
お酒	5.0	1.9	7.7	7.9	3.4	8.1	2.1	0.0	5.0	⋯
場所	11.3	13.8	11.5	7.9	10.4	15.2	25.5	13.0	3.8	⋯

「全体」の相対重要度は回答者の相対重要度の平均値である。「年収」「職業」の重要度は，それぞれ 19.6%，16.7%である。相対重要度の総和は 100 である。お見合いパーティの選好における相対重要度の高い順に要因を並べると「年収」「職業」「年齢」「結婚」「学歴」「場所」「喫煙」「お酒」となった。多くの女性に参加してもらうためには「喫煙」が可能かどうかや「お酒」の有無を考慮するよりも，集まる参加者の「年収」や「職業」にこだわって企画することが重要だと分かった。回答者ごとの相対重要度を観察すると，たとえば回答者 7 は「職業」(29.0%)「学歴」(23.2%)「年収」(17.4%) の重要度が特に高く，3 つの要因で 69.6%説明されている。

12.4.4 プロファイルの効用値

たとえば表 12.1 の 1 行目は「喫煙 ‘禁煙’」「年齢 ‘29 歳迄’」「職業 ‘公務員’」「年収 ‘限定無’」「学歴 ‘高校卒’」「結婚 ‘限定無’」「お酒 ‘お酒無’」「場所 ‘客船上’」というプロファイルを表している。このプロファイル V1 の効用値 4.206 は，それぞれの部分効用値と切片の総和

$$4.072 + 0.162 + 0.278 + 0.333 - 0.388 - 0.237 - 0.268 + 0.068 + 0.186$$

で計算される。直交表に登場するすべてのプロファイルの効用値を同様に求めた結果を表 12.6 に示す。今回調査したプロファイルの中で最も魅力的なパーティは V7 であり，最も魅力的ではないパーティは V15 であることが分かる。

表 12.6 直交表に登場したプロファイルの効用値

V1	V2	V3	V4	V5	V6	V7	V8
4.206	3.990	4.522	4.310	3.752	4.964	5.992	4.236

V9	V10	V11	V12	V13	V14	V15	V16
3.670	4.826	4.066	3.436	3.690	4.866	2.524	4.576

V17	V18	V19	V20	V21	V22	V23	V24
3.496	4.756	4.764	3.940	3.950	4.106	3.650	3.092

調査票で質問しなかったプロファイルの総効用値を求めることもできる。たとえば「喫煙 ‘禁煙’」「年齢 ‘29 歳迄’」「職業 ‘限定無’」「年収 ‘500 万以上’」「学歴 ‘大学卒’」「結婚 ‘限定無’」「お酒 ‘お酒有’」「場所 ‘ホテル’」という特徴をもったお見合いパーティの効用値は 4.424 であり，

$$4.072 + 0.162 + 0.278 - 0.333 + 0.388 + 0.237 - 0.268 - 0.068 - 0.044$$

と計算する.

12.5　確 認 問 題

以下の説明に相当する用語を答えなさい.
1) 標準偏回帰係数の解釈を容易にするために, 予測変数間を無相関化すること.
2) 離散的な予測変数を回帰式等の統計モデルに組み込むために用いられる 0 と 1 しか値をとらない変数.
3) 部分効用値の別名を 3 つ.
4) 互いに無相関なダミー変数を列に, プロファイルを行に配した行列.
5) 行列の i 行 j 列の要素を j 行 i 列の位置に移動する操作.
6) 行列をスライスして複数のベクトルを作り, それをつないで 1 本のベクトルにする操作.
7) 基準変数に対して, どの要因がどの程度重要視されているかを, 水準数の違いによらずに割合で示す指標.

12.6　実 習 課 題

7 つの要因に影響を受けるであろう基準変数を案出し, 以下を報告せよ.
1) 基準変数名:変数の内容と, その変数を予測することによって生じる利便.
2) その基準変数に影響を与えるであろう 7 つの要因とその水準.
3) 挙げた 7 つの要因が, 基準変数に影響を与えるとあなたが考えた理由.

13　質的研究における飽和率・寡占度

■　■　■

食品のおまけである食玩[*1)] は，初めは次々と新しいアイテムが集まって楽しい．しかし，次第にすでにもっているアイテムばかりが当たるようになり，総数は増えてもアイテムの種類はなかなか増えなくなっていく．これは確率論の分野でクーポン収集問題 (coupon collector's problem) と呼ばれている．本章では，これまでの章とは趣を変え，質的研究における知見収集の特徴と分析法について学習する．

13.1　質的知見収集の特徴

学術的な書物を執筆する際には，関連する書籍・論文・その他のツールから知見を収集する．初めは研究テーマに関連した新しい知見が次々と収集される．しかし，次第に集まる知見が既出になっていく．さらに収集を続けると既出の知見ばかりとなり，「研究テーマに関連した知見をほぼ集めつくした」という，ある種の飽和感を抱くときが訪れる．これを質的心理学の分野では理論的飽和 (theoretical saturation, Glaser and Strauss (1967)[*2)]) という．しかし，多くの質的研究では，いつ飽和したかの判断は，研究者や指導者の主観にゆだねられている．本章では，この飽和感を客観的な数値で表現することを試みる．

質的研究の手法の1つにインタビュー法がある．インタビュー法とは，直接観察だけではとらえにくい質的知見を，経験者との会話を通じて得る方法である．たとえば「就職活動において後輩に伝えたいアドバイス」という質的研究テーマに関心があるとしよう．この場合は，就職活動を成功裡に終えた経験者に，次々

[*1)]　スナック菓子のプロスポーツ選手や戦隊ヒーローのカード．ビックリマンチョコのシールなど．ガチャは食玩でないが，同様にコンプリートは難しい．

[*2)]　Glaser, B. and Strauss, A. (1967) "*The Discovery of Grounded Theory: Strategies for Qualitative Research*", Aldine.

表 **13.1** 大学入試方法の改善に関する進路指導担当教員からの自由記述意見の度数

順位	知見	人数
1	小論文，面接，実技を重視せよ	282
2	入試は各大学の独自の選抜に任せよ	266
3	入学はやさしく卒業は難しいという制度にせよ	265
4	共通テストを資格試験にせよ	237
5	調査書および学業以外の活動を重視せよ	189
6	大学入試センター試験を廃止せよ	163
7	推薦入学制度を拡充すべきである	152
8	入試制度だけを変えても，学歴偏重の社会は変わらない	137
9	入試制度が毎年のように変わるのは良くない	135
10	選抜である以上，学力・偏差値重視はある程度止むをえない	131
...	...	...
89	普通科・職業科の割合は現実を無視しており，普通科を増やすべきである	1
90	文部省は大学に対して介入を最小限に止めよ	1
91	大学での教養課程を廃止せよ (怠けぐせ，遊びぐせがつくから)	1

にインタビューし，アドバイスという知見を収集する．1人目，2人目など，初めの頃のインタビューでは新しいアドバイスをたくさん聞くことができる．しかし10人，20人とインタビューを続けると，既出のアドバイスの割合が次第に増えていく．これがインタビュー法における飽和感の増加である．

　質的研究に共通したある種の飽和感の変化のスピードを，豊田・前田 [*3)] を例に引き，具体的な数字で確認してみよう．質的研究の別の研究方法に質問紙による自由記述法がある．表 13.1 は，大学入試方法の改善に関する進路指導担当教員からの自由記述意見の度数である．1位の「小論文，面接，実技を重視せよ」という知見は，1332人中282人が自由記述の中で主張している．2位は「入試は各大学の独自の選抜に任せよ」という知見であり，266人が主張している．全部で91の知見が収集され，91位の「大学での教養課程を廃止せよ (怠けぐせ，遊びぐせがつくから)」は1332人中1人しか主張していない．

　1332人分の自由記述を精読するためにかかった延べ時間は約180時間 (期間

[*3)]　**調査対象**：平成元年度において，共通一次試験の志願者が1名以上あったすべての高等学校3619校の進学指導担当の教員1校1名．無記名回答．**調査期間**：1989年11月〜1990年2月．**回収率**：72.3%．2616校が回答．自由記述部分は1332校が回答．
豊田秀樹，前田忠彦 (1994) 大学入試方法の改善に関する進路指導担当教員からの自由記述意見の分析—調査研究における自由記述データの分析方法の提案—．行動計量学，**21**，75–86．

は半年) であった．1 人の自由記述当たり平均約 8 分である．その過程で，無作
為に選んだ最初の 100 の自由記述からは，54 もの知見を得た．たった 7.5%の
時間 (13.5 時間) で全体の 59% (= 54/91) の知見を得ている．同様に，無作為
な最初の 300 の自由記述で 74 の知見を得た．22.5%の時間 (40 時間) で全体の
81%の知見を得たことになる．ただし読み増した 200 の自由記述から得た新知見
は，20 (= 74 − 54) であり，(新知見/枚数) の収集効率は 5 分の 1 以下に下がっ
た．残りの 1032 (= 1332 − 300) もの自由記述からは，たった 17 の新知見しか
収集できていない．77.5%の時間 (137 時間) を費やし，わずか 19%の知見しか得
られなかった．

　質的研究におけるインタビュー法や自由記述法では，調査の手間は回答者数に
比例する．しかし収集される知見は，回答者数には比例しない．回答者の増加に
伴う知見の収集効率は，急速に悪化する傾向がある．したがって調査のコストと
リターンのバランスを考慮することは大切である．適当な時期に知見の収集を打
ち切ることは，現実的対処として極めて重要である．そのためには，新たに 1 つの
知見を集めるために，どのぐらいのコストがかかるのかを見積もる必要が生じる．

　表 13.1 の人数をヒストグラムで表現し，柱の高さで結んだ折れ線を，図 13.1
に示す．もしこの図が確率分布であり，かつ 54 番目の知見を得た段階で知見の収
集を打ち切ったとすると，その後，新たに集める 1 つの知見が既知である確率は
97.1%であり，新知見である確率はわずか 2.9%である．知見数ではなく，知見提
案の延べ数を観察すると，実際の飽和のスピードはもっと速いことが実感できる．

　74 番目の知見を得た段階で知見の収集を打ち切ったとすると，その後，新たに
集める 1 つの知見が既知である確率は 99.4%であり，新知見である確率はたった
の 0.6%である．これ以上の知見収集が非効率的であることが分かる．

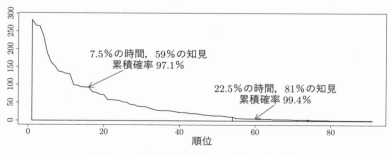

図 13.1　自由記述意見のヒストグラムの外枠

ただし図 13.1 は，複数回答のヒストグラムであり，正確には「新たに集める 1 つの知見」の確率分布ではない．また全部のデータを見た後でしか計算できないのでは，知見収集打ち切りの判断指標として，そもそも利用できない．以上の困難を解決し，新たに 1 つの知見を集めるためのコストを，任意の時点で見積もることができるならば，知見収集の打ち切りタイミングを合理的に判断できる．

13.2 寡占度・飽和率・遭遇率

本方法では，新たに集める 1 つの知見の順位の分布に関して，ジップ分布 (zipf distribution)[*4)] を利用する．ジップ分布は，英語の文章に使用される単語の頻度と順位の関係を表現するために言語学分野で提案された．ジップ分布は言語学の領域に留まらず，さまざまな現象に当てはまることが確認されている．たとえば，ウェブサイトへのアクセス頻度と順位の関係や，都市の人口，楽曲に用いられる音符の使用頻度などである．人間行動に関わる現象ばかりでなく，細胞内の遺伝子発現量や，地震の規模別の発生数のような自然現象にも認められる．

13.2.1 ジップ分布

ジップ分布の確率関数 (pmf) は，単語・知見等の要素数が有限 N の場合は

$$\mathrm{zipf}(r|s, N) = \frac{1/r^s}{\sum_{i=1}^{N} 1/i^s}, \quad 0 < s \tag{13.1}$$

と定義される．ここで $r\ (= 1, 2, \cdots)$ はランク (順位) である．s は分布の形状を規定する母数 (正の実数) であり，**寡占度** (oligopoly parameter) と呼ぶ．

分布の形状に母数が与える影響を調べるために，図 13.2 に，$N = 8, s = 1.2, 1.0, 0.8, 0.6$ のジップ分布の確率関数を示す．**寡占性** (oligopoly) とは，上位ランクの知見に頻度が集中する傾向の強さである．寡占度 s が大きいほど，寡占性が高いことが 図 13.2 に示されている．

要素数が無限の場合，ジップ分布の確率関数は

$$\mathrm{zipf}(r|s) = \frac{1/r^s}{\sum_{i=1}^{\infty} 1/i^s}, \quad 1 < s \tag{13.2}$$

と定義される．$0 < s \le 1$ の領域で，分母の調和級数は無限大に発散するから，

[*4)] Zipf, G. K. (1935) *"The Psycho–Biology of Language: An Introduction to Dynamic Philology"*, Houghton Mifflin.

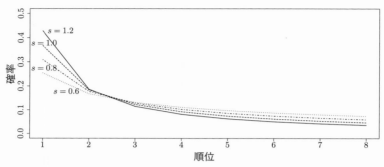

図 **13.2**　ジップ分布の形状と寡占度 s

確率関数は定義されない.

「入試方法の改善意見」も「就職活動に関するアドバイス」も，ほとんど観察されない些末な知見をも含めれば無数に存在すると考えるのが自然である．そのような状況を (13.2) 式は表現している．

13.2.2　ゼータ関数

(13.2) 式の分母はゼータ関数

$$\zeta(s) = \sum_{i=1}^{\infty} 1/i^s \tag{13.3}$$

と呼ばれる．たとえば以下である．

$$\zeta(2) = \sum_{n=1}^{\infty} \frac{1}{n^2} = \frac{1}{1^2} + \frac{1}{2^2} + \frac{1}{3^2} + \cdots = \frac{\pi^2}{6} \tag{13.4}$$

$$\zeta(4) = \sum_{n=1}^{\infty} \frac{1}{n^4} = \frac{1}{1^4} + \frac{1}{2^4} + \frac{1}{3^4} + \cdots = \frac{\pi^4}{90} \tag{13.5}$$

無限級数なので，任意の s に対するゼータ関数の値は，直接的には計算できない．

13.2.3　ゼータ関数の近似

ゼータ関数は

$$\zeta(s) \simeq \sum_{i=1}^{m} 1/i^s - \frac{m^{1-s}}{1-s} \tag{13.6}$$

で近似 [5] できる．たとえば $\zeta(2)$ は有効数字 7 桁で

---

[5]　松本耕二 (2005)『リーマンのゼータ関数』, 朝倉書店. 第 7 章 (7.11) 式.

$$\zeta(2) = \frac{\pi^2}{6} \simeq 1.644934 \tag{13.7}$$

である．(13.6) 式による近似は $m = 400$ で 1.644937 であり，$m = 4000$ で 1.644934 である．実用的に十分な近似が得られている．

$\zeta(4)$ は有効数字 7 桁で

$$\zeta(4) = \frac{\pi^4}{90} \simeq 1.082323 \tag{13.8}$$

である．(13.6) 式による近似は $m = 30$ で 1.082324 であり，$m = 40$ で 1.082323 である．経験的に (13.6) 式は，実用的に十分な近似を与えることが知られている．

13.2.4 飽和率・遭遇率

観測された知見数を r^* とし，そこまでの累積確率

$$飽和率 = \sum_{r=1}^{r^*} \text{zipf}(r|s) \tag{13.9}$$

を飽和率 (saturation ratio) と定義する．飽和率は「次にデータを 1 つ収集した際に，それが既知の知見である確率」である．

逆に「次にデータを 1 つ収集した際に，それが新知見である確率」は

$$1 - 飽和率 \tag{13.10}$$

であり，これを遭遇率 (encounter ratio) と呼ぶ．

飽和率は，質的研究における理論的飽和の 1 つの指標と解釈できる．飽和率が高い調査は，目的とする知見の多くを収集できた可能性が高い．知見数 N が有限で内容が既知の場合は，飽和率は 1.0 である．同じランクならば，寡占度 s が大きいほうが飽和率は高くなる．

13.3 非復元抽出によるランクの同時分布

回答者 1 名が a 個の知見を順に想起し，表明したとする．そのランクの並びを

$$\bm{r} = (r_1, \cdots, r_j, \cdots, r_a) \tag{13.11}$$

と表記しよう．ここで j は想起の順番を表す添え字である．たとえば

$$\bm{r} = (r_1, r_2, r_3) = (3, 1, 5) \tag{13.12}$$

などとなる．この回答者は 3 つ知見を表明した．最初にランク 3 位，次にランク

1位，3番目にランク5位の知見を順に想起している．

制約なく想起される知見のランクがジップ分布に従っているとすると，1番目に想起した知見 r_1 が観察される確率は，当然

$$f(r_1|s) = \text{zipf}(r_1|s) \tag{13.13}$$

である．ここでは知見数が無限の場合で論じるけれども，有限の場合は，縦棒の右に適宜 N を補っていただきたい．

13.3.1 2番目以降に抽出される知見

2番目に想起される知見 r_2 は r_1 以外の知見から想起される．r_3 は r_1, r_2 以外の知見から想起される．このように1度選んだ対象は除き，残った対象の集まりから次を選ぶことを非復元抽出 (sampling without replacement) という．ゆえに

$$f(r_j|s) \neq \text{zipf}(r_j|s), \quad j = 2, 3, 4, \cdots \tag{13.14}$$

であり，2番目以降の知見の分布は，単純なジップ分布では表現できない．

この性質はシミュレーションで容易に確認できる．図13.3の実線は，$s = 1.5$，$N = 20$ のジップ分布である．その分布から，1800人の回答者が非復元抽出した知見の相対度数を棒グラフで示した．1人当たりの提案知見数 a は，1から5まで適当に散らばるように設定した．

両者は明らかに食い違っており，もとのジップ分布の寡占性よりも，そこから非復元抽出された知見の寡占性のほうが低くなっている．具体的には，上位の知見の観察確率が下がり，下位の知見の観察確率が上がっている．

「複数の知見を回答して下さい (非復元抽出させる)」という教示は，インタビュー

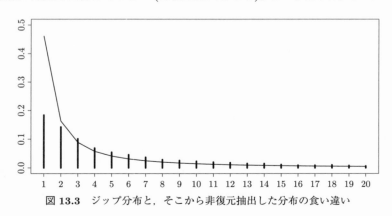

図 **13.3** ジップ分布と，そこから非復元抽出した分布の食い違い

や自由記述調査でしばしば実施される．その教示には，下位の知見の観察を容易にする効果があることが分かる．

13.3.2 非復元抽出事態での抽出確率

非復元抽出事態における2番目以降の抽出確率は以下のように考える．たとえば $\{A, B, C, D\}$ という4つの知見が，$\{0.4, 0.3, 0.2, 0.1\}$ という確率で，互いに独立に想起されるとする．仮に知見 B が最初に想起されると，2番目は知見 A, C, D から選ばなくてはならない．このとき残った3つの想起確率は

$$\{p(A), p(C), p(D)\} \times (1 - p(B))^{-1} = \{0.4, 0.2, 0.1\} \times (1 - 0.3)^{-1}$$
$$= \{0.5714286, 0.2857143, 0.1428571\} \tag{13.15}$$

である．このベクトルの和は1である．仮に知見 A が2番目に想起されると，3番目は知見 C, D から選ばなくてはならない．このとき残った2つの想起確率は

$$\{p(C), p(D)\} \times (1 - p(A) - p(B))^{-1} = \{0.2, 0.1\} \times (1 - 0.3 - 0.4)^{-1}$$
$$= \{2/3, 1/3\} \tag{13.16}$$

である．もちろんベクトルの和は1である．

13.3.3 2番目以降の抽出確率

この非復元抽出の性質を考慮し，知見 r_2 が観察される確率を

$$f(r_2|r_1, s) = \mathrm{zipf}(r_2|s)(1 - \mathrm{zipf}(r_1|s))^{-1} \tag{13.17}$$

と表現する．3番目に想起した知見 r_3 は，r_1 と r_2 以外の知見から選択しなくてはいけないから，知見 r_3 が観察される確率は

$$f(r_3|r_1, r_2, s) = \mathrm{zipf}(r_3|s)(1 - \mathrm{zipf}(r_1|s) - \mathrm{zipf}(r_2|s))^{-1} \tag{13.18}$$

と表現できる．同様に考えて，知見 r_a が観察される確率は

$$f(r_a|r_1, \cdots, r_{a-1}, s) = \mathrm{zipf}(r_a|s) \left(1 - \sum_{j=1}^{a-1} \mathrm{zipf}(r_j|s)\right)^{-1} \tag{13.19}$$

である．回答者1名の非復元抽出による想起データ $\boldsymbol{r}$ ((13.11) 式) が観察される同時確率は

$$f(\boldsymbol{r}|s) = f(r_1, \cdots, r_j, \cdots, r_a|s)$$
$$= f(r_1|s) \times f(r_2|r_1, s) \times f(r_3|r_1, r_2, s) \times \cdots \times f(r_a|r_1, \cdots, r_{a-1}, s)$$

である.

i 番目の回答者の想起データを (13.11) 式 r から r_i $(i = 1, \cdots, n)$ に表記し直し，その想起数を (13.11) 式中の a から a_i に表記し直す．n 人分の想起データ全体 $R = (r_1, \cdots, r_n)$ が所与のとき，寡占度 s の尤度は，

$$f(R|s) = \prod_{i=1}^{n} f(r_i|s) \tag{13.20}$$

と表現される.

13.3.4 事 後 分 布

寡占度 s の事前分布は，定義域における十分に広い範囲の一様分布 $p(s)$ とする．このとき寡占度 s の事後分布 $p(s|R)$ は以下となる.

$$p(s|R) \propto f(R|s)p(s) \tag{13.21}$$

13.3.5 生 成 量

飽和率と遭遇率の事後分布は，それぞれ生成量

$$\sum_{r=1}^{r^*} \mathrm{zipf}(r|s^{(t)}) \tag{13.22}$$

$$1 - \sum_{r=1}^{r^*} \mathrm{zipf}(r|s^{(t)}) \tag{13.23}$$

によって近似する．ここで $s^{(t)}$ は，寡占度 s の MCMC 標本である.

13.4　インタビュー調査の寡占度・飽和率・遭遇率

「大学生の就職活動における『全体を通じての心得・不安に対する対処等』に関する後輩に伝えたいアドバイス」に関するインタビュー研究 *6) を紹介する.

表 13.2 には 2 つの表が含まれている．右は表 13.1 と同じく知見の度数 *7) で

---

*6)　2020 年度の早稲田大学文学部心理学コース心理計量ゼミ薩摩班による研究．引用許可にこの場を借りて感謝いたします．調査対象は，2020 年 10〜12 月の調査時点で就職活動を終えている大学 4 年生，あるいはここ数年以内に就職活動を終えた社会人．調査はインタビュー形式であり，対面あるいは Zoom によるオンライン環境にて実施した．インタビューには，調査対象者，インタビュワー，書記の 3 名が参加した.

*7)　実際の報告書では，62 のアドバイスごとに，インタビューの様子をまとめている.

表 13.2 就職活動全体を通じての心得・不安の入力データと人数

回答者	v1	v2	v3	v4	v5
1	5	33	3	0	0
2	5	32	13	8	11
3	5	62	11	0	0
4	31	1	61	0	0
5	60	30	3	5	59
6	1	0	0	0	0
7	10	2	0	0	0
8	15	2	0	0	0
9	6	8	0	0	0
10	10	29	32	0	0
11	2	6	0	0	0
12	1	28	58	11	0
13	27	5	7	28	57
14	1	26	2	55	0
15	26	6	2	42	0
16	6	0	0	0	0
17	13	9	6	0	0
18	24	25	12	4	0
19	8	23	4	19	0
20	24	23	8	0	0
21	7	3	0	0	0
22	12	15	0	0	0
23	2	4	0	0	0
24	10	1	21	41	0
25	35	1	0	0	0
26	1	4	0	0	0
27	1	5	0	0	0
28	12	8	0	0	0
29	14	0	0	0	0
30	1	22	0	0	0
31	21	54	53	2	0
32	52	51	1	15	0
33	20	13	0	0	0
34	56	4	20	0	0
35	50	9	7	0	0
36	49	19	48	2	0
37	17	0	0	0	0
38	25	16	9	40	10
39	39	0	0	0	0
40	3	0	0	0	0
41	38	2	3	0	0
42	29	7	0	0	0
43	3	7	18	4	0
44	31	3	22	0	0
45	3	0	0	0	0
46	7	33	0	0	0
47	1	4	3	0	0
48	9	47	1	4	0
49	11	34	0	0	0
50	11	4	0	0	0
51	10	14	8	46	18
52	1	0	0	0	0
53	12	45	0	0	0
54	3	1	17	44	0
55	6	4	2	0	0
56	5	43	9	0	0
57	3	2	14	0	0
58	6	30	0	0	0

順位	知見	人数
1	落ちたことは気にしない	16
2	楽観的でいる	13
3	不安を友人に話す	13
4	息抜きを用意する	10
5	まず行動	8
6	不安を人に話す	7
7	自分のペースでやる	6
8	情報面でもメンタル面でも，就活はひとりでやらない	6
9	視野を広く持つ	5
10	前もって準備をしよう	5
11	就活は人生の1ステップ，深く考えすぎない	5
12	早めに行動する	4
13	自分を信じる	4
14	心身の調子を整える	3
15	とりあえず1社の内定をもらおう	3
16	たくさんの企業にエントリーしない	2
17	面接は悔いが残らないようにする	2
18	スケジュール管理をしっかりする	2
19	自分の努力の証を持っていく	2
20	志を強く持つ	2
21	志望企業に対する理解を深める	2
22	面接当日は，直前に復習，直後に反省	2
23	ルーティンを決めてこなすと，メンタルが安定する	2
24	就活生以外で頼れる人を見つける	2
25	いろいろな人に話を聞いて価値観をかためる	2
26	最終的な決断は自分で行う	2
27	最後まで気を抜かない	2
28	どの企業に入るかではなく，そこで何をするかを意識する	2
29	不安を大人に話す	2
30	口コミを参考にしてはいけない	2
31	常に何社か選考が進行している状態にする	2
32	ありのままの自分でいる	2
33	情報収集が大事	2
34	企業への愛着を表現する	1
35	不安は自分で解決するしかない	1
36	就活用の音楽プレイリストを作る	1
37	就活をしないと決めた時間に就活のことを考えない	1
38	緊張はするものだ	1
39	自分のストレスの原因を理解する	1
40	座談会には行ったほうが良い	1
41	受けたい業界が変わったら，次年度の就活も覚悟する	1
42	転職のことは考えない	1
43	上手くいったと思った面接でも期待しない	1
44	雰囲気は自分でつくるもの	1
45	夏のインターンは多くの企業に参加しよう	1
46	情報を整理することが大事	1
47	第一印象がとても大事	1
48	トイレで瞑想	1
49	お守りを持っていく	1
50	手をぐーぱーぐーぱーする	1
51	選考無しのワンデーインターンに参加する	1
52	合同説明会でランダムな企業に顔を出す	1
53	志望企業のCMを見てやる気を出す	1
54	面接の変化球への準備をする	1
55	失礼な行動は取らない	1
56	酒を飲む	1
57	不安をモチベーションに変える	1
58	バイブルを持つ	1
59	内定先が不本意でも気にしない	1
60	コロナを言い訳にしない	1
61	選考中は，自分が何をしたいかはあまり気にしない	1
62	親の話を参考にしてはいけない	1

ある．1位の「落ちたことは気にしない」という知見は，58人中16人がインタビューの中でアドバイスしている．2位は「楽観的でいる」という知見であり，13人がアドバイスしている．全部で62の知見が収集され，62位の「親の話を参考にしてはいけない」は1人がアドバイスしている．

表13.2の左の表は，回答者1名が想起し，表明した知見のランクの並び ((13.11) 式の r，あるいは (13.20) 式中の r_i) を58名分示している．たとえば回答者1は，5位「まず行動」，33位「情報収集が大事」，3位「不安を友人に話す」という3つの知見をこの順番で語っている．回答者6は1位「落ちたことは気にしない」だけを語っている．

表13.3に寡占度・飽和率・遭遇率の事後分布の要約を示す．寡占度は 1.385 (0.029)[1.329, 1.445] であり，飽和率は 0.833(0.023)[0.786, 0.875] であり，遭遇率は 0.167(0.023)[0.125, 0.214] であった．図13.4に寡占度の事後分布のヒストグラムを示す．

仮に次のもう1人 (59番目) から1つのアドバイスをもらうとすると，それが表13.2中の知見である確率は83.3%であり，新知見である確率は16.7%である．ただしそれは EAP による点推定値なので PHC を用いた考察を行う．

表13.4に飽和率の phc テーブルを示し，図13.5に phc 曲線を示す．phc(0.78 < 飽和率) = 0.986, phc(0.80 < 飽和率) = 0.923 である．「飽和率は，およそ8割以上」といってもよいだろう．「9割以上」とは決していえない．

表 13.3　寡占度・飽和率・遭遇率の事後分布の要約

	EAP	post.sd	0.025	MED	0.975
寡占度	1.385	0.029	1.329	1.384	1.445
飽和率	0.833	0.023	0.786	0.834	0.875
遭遇率	0.167	0.023	0.125	0.166	0.214

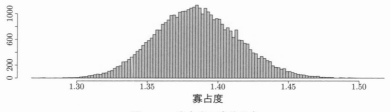

図 13.4　寡占度の事後分布

表 13.4　飽和率の phc テーブル

c	0.76	0.78	0.8	0.82
phc($c < $ 飽和率)	0.998	0.986	0.923	0.729

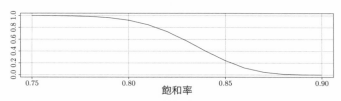

図 13.5　飽和率の phc 曲線

13.5　正　誤　問　題

以下の説明で，正しい場合は○，誤っている場合は × と回答しなさい.
1）ゼータ関数は無限級数であるが，実用的な範囲で近似することができる.
正解は○

13.6　確　認　問　題

以下の説明に相当する用語を答えなさい.
1）質的な研究テーマに関連した知見をほぼ集めつくした状態.
2）上位ランクの知見に頻度が集中する傾向の強さ.
3）次にデータを 1 つ収集した際に，それが既知の知見である確率.
4）次にデータを 1 つ収集した際に，それが新知見である確率.
5）1 度選んだ対象は除き，残った対象の集まりから次を選ぶこと.

13.7　実　習　課　題

1）同じチームによる「大学生の就職活動における『エントリーシートの執筆内容・
　書き方・添削・時期等』に関する後輩に伝えたいアドバイス」の研究がある. 表
　13.2 の右側に相当する知見の表が配布しているフォルダ内の "生 ES.csv" に収め
　られている. 内容を確認せよ.
2）表 13.2 の左側に相当する生データが "順位 ES.csv" に収められている. 表 13.3,
　図 13.4，図 13.5，表 13.4 に相当する図表を作り，考察せよ.

索　引

■　■　■

著者略歴

<ruby>豊<rt>とよ</rt></ruby><ruby>田<rt>だ</rt></ruby><ruby>秀<rt>ひで</rt></ruby><ruby>樹<rt>き</rt></ruby>

1961 年　東京都に生まれる
1989 年　東京大学大学院教育学研究科博士課程修了（教育学博士）
現　在　早稲田大学文学学術院教授

〈主な著書〉

『項目反応理論［入門編］（第 2 版）』（朝倉書店）
『項目反応理論［事例編］—新しい心理テストの構成法—』（編著）（朝倉書店）
『項目反応理論［理論編］—テストの数理—』（編著）（朝倉書店）
『項目反応理論［中級編］』（編著）（朝倉書店）
『共分散構造分析［入門編］—構造方程式モデリング—』（朝倉書店）
『共分散構造分析［応用編］—構造方程式モデリング—』（朝倉書店）
『共分散構造分析［理論編］—構造方程式モデリング—』（朝倉書店）
『共分散構造分析［数理編］—構造方程式モデリング—』（編著）（朝倉書店）
『調査法講義』（朝倉書店）
『原因を探る統計学—共分散構造分析入門—』（共著）（講談社ブルーバックス）
『違いを見ぬく統計学—実験計画と分散分析入門—』（講談社ブルーバックス）
『マルコフ連鎖モンテカルロ法』（編著）（朝倉書店）
『基礎からのベイズ統計学—ハミルトニアンモンテカルロ法による実践的入門—』
　（編著）（朝倉書店）
『はじめての統計データ分析—ベイズ的〈ポスト p 値時代〉の統計学—』
　（朝倉書店）
『実践ベイズモデリング—解析技法と認知モデル—』（編著）（朝倉書店）
『たのしいベイズモデリング—事例で拓く研究のフロンティア—』（編著）
　（北大路書房）
『瀕死の統計学を救え！—有意性検定から「仮説が正しい確率」へ—』（朝倉書店）
『統計学入門 I—生成量による実感に即したデータ分析—』（朝倉書店）

統 計 学 入 門 II
—尤度によるデータ生成過程の表現—　　　　定価はカバーに表示

2022 年 9 月 1 日　初版第 1 刷

著　者　豊　田　秀　樹
発行者　朝　倉　誠　造
発行所　株式会社　朝　倉　書　店
　　　　東京都新宿区新小川町 6-29
　　　　郵 便 番 号　162-8707
　　　　電　話　03（3260）0141
　　　　FAX　03（3260）0180
　　　　https://www.asakura.co.jp

〈検印省略〉

中央印刷・渡辺製本

ISBN 978-4-254-12272-5　C 3041　　　　Printed in Japan

早大 豊田秀樹著 **統 計 学 入 門 I** ―生成量による実感に即したデータ分析― 12266-4 C3041　　　　A5判 224頁 本体2800円	研究結果の再現性を保証し，真に科学の発展に役立つ統計分析とは。ベイズ理論に基づくユニークなアプローチで構成される新しい統計学の基礎教程。〔内容〕データの要約／ベイズの定理／推定量／1変数／2群／1要因／2要因／分割表／他
早大 豊田秀樹著 **瀕 死 の 統 計 学 を 救 え !** ―有意性検定から「仮説が正しい確率」へ― 12255-8 C3041　　　　A5判 160頁 本体1800円	米国統計学会をはじめ科学界で有意性検定の放棄が謳われるいま，統計的結論はいかに語られるべきか？初学者歓迎の軽妙な議論を通じて有意性検定の考え方とp値の問題点を解説，「仮説が正しい確率」に基づく明快な結論の示し方を提示。
早大 豊田秀樹編著 **基礎からのベイズ統計学** ハミルトニアンモンテカルロ法による実践的入門 12212-1 C3041　　　　A5判 248頁 本体3200円	高次積分にハミルトニアンモンテカルロ法（HMC）を利用した画期的初級向けテキスト。ギブズサンプリング等を用いる従来の方法より非専門家に扱いやすく，かつ従来は求められなかった確率計算も可能とする方法論による実践的入門。
早大 豊田秀樹著 **はじめての 統計データ分析** ―ベイズ的〈ポストp値時代〉の統計学― 12214-5 C3041　　　　A5判 212頁 本体2600円	統計学への入門の最初からベイズ流で講義する画期的な初級テキスト。有意性検定によらない統計的推測法を高校文系程度の数学で理解。〔内容〕データの記述／MCMCと正規分布／2群の差（独立・対応あり）／実験計画／比率とクロス表／他
早大 豊田秀樹編著 **実 践 ベ イ ズ モ デ リ ン グ** ―解析技法と認知モデル― 12220-6 C3014　　　　A5判 224頁 本体3200円	姉妹書『基礎からのベイズ統計学』からの展開。正規分布以外の確率分布やリンク関数等の解析手法を紹介，モデルを簡明に視覚化するプレート表現を導入し，より実践的なベイズモデリングへ。分析例多数。特に心理統計への応用が充実。
早大 豊田秀樹著 統計ライブラリー **共分散構造分析 [入門編]** ―構造方程式モデリング― 12658-7 C3341　　　　A5判 336頁 本体5500円	現在，最も注目を集めている統計手法を，豊富な具体例を用い詳細に解説。〔内容〕単変量・多変量データ／回帰分析／潜在変数／観測変数／構造方程式モデル／母数の推定／モデルの評価・解釈／順序／付録：数学的準備・問題解答・ソフト／他
早大 豊田秀樹著 統計ライブラリー **項目反応理論 [入門編]** （第2版） 12795-9 C3341　　　　A5判 264頁 本体4000円	待望の全面改訂。丁寧な解説はそのままに，全編Rによる実習を可能とした実践的テキスト。〔内容〕項目分析と標準化／項目特性曲線／R度値の推定／項目母数の推定／テストの精度／項目プールの等化／テストの構成／段階反応モデル／他
早大 豊田秀樹編著 統計ライブラリー **マルコフ連鎖モンテカルロ法** 12697-6 C3341　　　　A5判 280頁 本体4200円	ベイズ統計の発展で重要性が高まるMCMC法を応用例を多数示しつつ徹底解説。Rソース付〔内容〕MCMC法入門／母数推定／収束判定・モデルの妥当性／SEMによるMCMC法の応用／BRugs／ベイズ推定の古典的枠組み
前首都大 朝野熙彦編著 ビジネスマンがはじめて学ぶ **ベ イ ズ 統 計 学** ―ExcelからRへステップアップ― 12221-3 C3041　　　　A5判 228頁 本体3200円	ビジネスな題材，初学者視点の解説，ExcelからR（Rstan）への自然な展開を特長とする待望の実践的入門書。〔内容〕確率分布早わかり／ベイズの定理／ナイーブベイズ／事前分布／ノームの更新／MCMC／階層ベイズ／空間統計モデル／他
入江 薫・菅澤翔之助・橋本真太郎訳 **標 準 ベ イ ズ 統 計 学** 12267-1 C3041　　　　A5判 304頁 本体4300円	Peter D. Hoff, A First Course in Bayesian Statistical Methodsの日本語訳。ベイズ統計の基礎と計算手法を学ぶ。Rのサンプルコードも入手可能。〔内容〕導入と例／信念，確率，交換可能性／二項モデルとポアソンモデル／他

上記価格（税別）は 2022 年 8 月現在